中国农村农业安全治理现状与对策

曾明荣　李一奇　著

中国农业出版社
农村读物出版社
北　京

作者简介

曾明荣 教授级高级工程师，中国安全生产科学研究院安全生产理论与法规标准研究所所长，全国安全生产标准化技术委员会秘书长、北京市安全生产领域学科带头人、第五届国家安全生产专家组成员、国家标准技术审评专家咨询委员会专家、国家安全生产“十一五”“十二五”“十三五”“十四五”规划核心执笔人。主要从事安全生产战略规划、理论政策、企业安全管理、安全文化等领域的科研和技术服务工作。

李一奇 工程师，就职于中国安全生产科学研究院安全生产理论与法规标准研究所，安全工程、法学双学士，工程管理硕士研究生。从事安全生产政策理论、法律法规、企业安全管理、安全文化等领域研究和技术服务。《中华人民共和国安全生产法》修正研究及释义编写主要参与者，承担科学技术部、应急管理部、工业和信息化部各类课题 20 余项。

目 录

绪　论

我国是农业大国，农业作为国民经济的基础，承担着保证国家稳定、人民温饱的重要责任，农业农村发展事关国家粮食安全和食品安全，是有关国家根基的核心问题，是全社会的关注焦点。2004 年以来，我国粮食连续丰产，截至 2021 年已经实现“十八连丰”，粮食产量连续 7 年保持在 1.3 万亿斤[①]以上。这标志着我国农业发展进入一个新阶段，即农业主要矛盾由总量不足转变为结构性矛盾。由此，深入推进我国农业供给侧结构性改革，提高农业供给的质量和效益，成为新时期我国农业的重大战略。

当前，我国取得全面建成小康社会的伟大历史性成就，取得决战脱贫攻坚的全面胜利，正在乘势而上开启全面建设社会主义现代化国家新征程。习近平总书记在党的十九大报告中首次提出要“加快推进农业农村现代化”。2020 年 12 月召开的中央农村工作会议和 2021 年中央 1 号文件，就“全面推进乡村振兴、加快农业农村现代化”进行了重大决策部署，为做好“十四五”时期特别是 2021 年的“三农”工作提供了根本遵循。《中华人民共和国国民经济和社会发展第十四个五年规划和 2035 年远景目标纲要》中，也设置专篇，部署专项工作，坚持农业农村优先发展、全面推进乡村振兴、加快农业农村现代化。

农村农业发展的新目标、新战略、新举措及新趋向，推动着我国农村农业发展体制机制的深刻变革，对我国农业生产、农村生活带来重大影响。据统计，截至 2019 年，全国共有 38 755 个乡级行政区划，53.3 万个行政村（即成立村民委员会的村）。资料显示，2020 年，我国农村的常住人口达到了 5.6 亿人。随着经济社会快速发展和农业产业结构调整，我国人口和产业虽然进一步向城市集中，但预计在 2030—2035 年仍有近 4 亿左右的人口工作居住在农村。同时，随着农村生产经营建设活动大幅度增加，乡镇企业、农村服务业蓬勃发展，第一产业从业人员逐渐向第二、第三产业转化。缩小城乡差距，让 14 亿

① 斤为非法定计量单位，1 斤＝500 克。——编者注

人共享发展成果，是全面建成社会主义现代化国家的根本要求，也成为广大人民群众的共同愿望。

习近平总书记在党的十九大报告中首度提出“实施乡村振兴战略”，要求全面深化农村改革，着力改善农村基础设施和公共服务，扎实推进农业农村现代化。2004—2022年，我国连续19年发布以“三农”为主题的中央1号文件。2018年12月，中央农村工作会议指出，没有农业农村的现代化，就没有国家的现代化。农业强不强、农村美不美、农民富不富，决定着亿万农民的获得感、幸福感和安全感，决定着我国社会主义现代化的质量。

“三农”问题是关系国计民生的根本性问题，虽然我国安全生产主要工作聚焦点集中于工矿商贸等传统行业领域，但在乡村振兴战略的指导下，农村安全生产工作已经被提到安全生产领域工作的重中之重。安全是发展的前提，发展是安全的保障。新发展阶段是各种矛盾、风险的易发期和多发期，全面建设社会主义现代化国家“必须坚持统筹发展和安全，增强机遇意识和风险意识，树立底线思维”，推进农业农村现代化也应在发展中更多考虑安全因素，努力实现发展和安全的高水平动态平衡。

一、农业的基本定义

根据国际劳工组织（International Labour Organization，ILO）规定，其涉及农业的公约适用于除林业企业之外的所有农业企业（无论规模），并为所有工人（无论何种形式的雇员）提供保护。这些公约不适用于自给农业和自营就业农民，但对于这一类人员，ILO鼓励各国政府参照公约内容提供相应的职业安全健康服务。

ILO第一份农业相关公约《1969年（农业）劳动监察公约》[Labour Inspection (Agriculture) Convention，1969] 中规定，“农业企业”一词指从事种植、畜牧（包括牲畜的繁殖和饲养）、林业、园艺经营者对农产品的初加工或其他形式农业活动的企业或企业所属部分。《2001年农业中的安全与卫生公约》(Safety and Health in Agriculture Convention No. 184，2001）中则更细致定义：“农业”一词适用于在农业企业中从事的农业和林业活动，包括由企业经营者或代表其进行的农作物生产、林业活动、畜牧业与昆虫养殖、农产品和畜牧产品初加工，以及使用和维修机器、设备、用具、工具及农业装置，包括农业企业中的同农业生产直接有关的任何加工、储存、操作或运输。

从我国的产业定义上来说，农业是指通过培育动植物产品从而生产食品及工业原料的产业。广义上包括种植业、林业、畜牧业、渔业、副业。狭义上，农业仅指种植业，包括生产粮食作物、经济作物、饲料作物和绿肥等农作物的生产活动。在2017年《国民经济行业分类》（GB/T 4754—2017）中，有更细致的行业划分。

2013年1月1日施行的《中华人民共和国农业法》第二条规定，农业是指种植业、林业、畜牧业和渔业等产业，包括与其直接相关的产前、产中、产后服务。农业生产经营组织是指农村集体经济组织、农民专业合作经济组织、农业企业和其他从事农业生产经营的组织。

《全国农业普查条例》第十一条规定，农业普查行业范围包括：农作物种植业、林业、畜牧业、渔业和农林牧渔服务业。第三次农业普查中提出了农业经营单位的概念：以从事农业生产经营活动为主的法人单位和未注册单位，以及不以农业生产经营活动为主的法人单位或未注册单位中的农业产业活动单位。既包括主营农业的农场、林场、养殖场、渔场、农林牧渔服务业单位、具有实际农业经营活动的农民合作社；也包括国家机关、社会团体、学校、科研单位、工矿企业、村民委员会、居民委员会、基金会等单位附属的农业产业活动单位，即包括农业生产经营户、非住户类农业生产经营单位。

二、农村的范围

对于农村或是乡村的范围，不同国家的设定要求有所差别，大部分国家更习惯设定“城市”或“都市”的范围，用以进行行政区域划分或人口、经济等方面统计。

美国在1950年后规定，不论其是否组织成自治单位，凡人口在2 500人以下或人口在每平方英里① 1 500人以下的地区及城市郊区算作乡村。加拿大统计局2007年人口普查中定义，农村是总人口少于1 000人且人口密度低于每平方千米400人的定居点。欧洲各国一般以居住人口在2 000人以下作为条件，定义乡村范围。

我国按照不同文件的要求，在农村的划分上也有几种不同的方式。

2008年国务院批复文件《统计上划分城乡的规定》的第三条中规定，以我国的行政区划为基础，以民政部门确认的居民委员会和村民委员会辖区为划分对象，以实际建设为划分依据，将我国的地域划分为城镇和乡村。第四条规定，城镇包括城区和镇区：城区是指在市辖区和不设区的市，区、市政府驻地的实际建设连接到的居民委员会和其他区域；镇区是指在城区以外的县人民政

① 平方英里为非法定计量单位，1英里^2≈2.589 988×10^{6}米^2。——编者注

府驻地和其他镇，政府驻地的实际建设连接到的居民委员会和其他区域，与政府驻地的实际建设不连接，且常住人口在 3 000 人以上的独立的工矿区、开发区、科研单位、大专院校等特殊区域及农场、林场的场部驻地视为镇区。第五条利用排除法规定，乡村是指《统计上划分城乡的规定》划定的城镇以外的区域。

1997 年实施的第一次农业普查制定的范围标准为乡镇和村。乡镇指行政建制是乡、镇，包括重点镇、非重点镇和乡，不包括街道办事处和具有乡镇政府职能的农林牧渔场等管理机构。村指的是村民委员会和涉农居民委员会所辖地域，其中自然村指在农村地域内由居民自然聚居而形成的村落，自然村一般都应该有自己的名称。

2006 年开展的第二次农业普查中，提出具体的农村的定义：村民委员会所辖地域，不包括主要由非本村户籍村民居住的集中连片的商品房小区；有农业用地且未完成农业用地的国有化和股份化改造，或本地人口的户籍性质仍为农业，或者仍沿用村民委员会管理模式、其中的人口不能享受城镇社会保障等城镇居民待遇的居民委员会。

2016 年进行的第三次农业普查采用的划分方式与第一次农业普查相似，也分为乡镇和村。乡镇指行政建制是乡、镇，包括重点镇、非重点镇和乡，不包括街道办事处和具有乡镇政府职能的农林牧渔场等管理机构。村指村民委员会和涉农居民委员会所辖地域。自然村指在农村地域内由居民自然聚居而形成的村落，自然村一般都应该有自己的名称。

三、本书关注的农村农业安全

ILO 在 20 世纪中叶开始关注农业安全管理，但其关注点一直集中在雇主对农业生产安全的责任与义务上，ILO 定义下的农业安全公约的适用对象是农业企业及企业雇员。从《农业中的安全与卫生公约》（第 184 号公约）规定能看出，ILO 公约约束的“农业”一词不包括：①自然农业；②用农产品作为原材料的工业加工及有关的服务；③森林的工业开发。

由于规范对象主要面对农业企业和雇员，为了保证所有从业人员的职业安全健康，ILO 在 1969 年和 2001 年的公约中明确提出鼓励各成员国参照公约规定，对自营就业农民制定相应的职业安全健康措施，以提高自给农业的安全生产水平。其中，自营就业农民主要指的是：①小佃农和分成制佃农；②小土地所有者和经营者；③参加集体农业企业的人员，如农民合作社社员；④国家法律和惯例所界定的家庭成员；⑤自给自足的农民；⑥农业中其他自营就业工人

（视国家法律和惯例而定）。

随着《安全生产法》的颁布和修订，我国农村农业安全生产工作坚持“安全第一，预防为主，综合治理”的总方针，持续深入开展农业机械、农药安全、农垦、农村自建房、农村地质灾害等行业领域的专项整治，加强农业安全生产各项工作。但是，目前我国还没有关于农村农业安全的官方解释和法律界定，ILO和美国等关于农村农业的解释也不适用于我国。

因此，在与部分专家学者进行学术研究讨论后，参考国内外对农村农业的范围界定和我国农村农业安全治理的实际需求，本书将农业、农村及农村农业安全定义为：

（1）农村。村民委员会和涉农居民委员会所辖地域范围。

（2）农业。农业种植业、畜牧业、渔业及其直接相关的产前、产中、产后服务。

（3）农村农业安全。在村民委员会和涉农居民委员会所辖行政区域范围内，降低和管控有关农业及农业相关工业、服务业等生产经营活动中的灾害事故风险，保护村民及其他农村驻留人员安全健康和农村财产安全。

简而言之，农村农业安全专指（特指）在农村的安全生产，不包括农村的社会治安、生态安全和公共健康。

第一章　我国农村农业发展概况

一、农村农业发展历程

1. 发展阶段划分　我国农业历史悠久，也是农业大国，可以说，从古至今农业在我国整个国民经济中都占有重要的地位。早在距今一万年左右，农业开始在我国出现。公元前21世纪至公元前8世纪，我国由原始社会进入奴隶社会，原始农业也逐渐向粗放农业转变，为后来农业的长足发展创造了条件。近代我国处在外辱内乱时期，社会动荡不安，极大影响了农业发展进程，并没有像其他国家一样实现由传统农业向现代化过渡。

1949年之后，为了确保粮食安全，国家先后开展了大量工作恢复农业生产，并积极推进农业现代化发展，改善落后的农业生产力和生产环境。1950年6月，中央人民政府委员会第八次会议通过了《土地改革法（草案）》，标志着土地改革全面展开，全国农业生产迅速得到恢复。土地改革完成后，中央政府颁布了《关于发展农业生产合作社的决议》，领导农民开展互助合作，农业生产合作社蓬勃发展，形成了“三级所有、队为基础”的生产经营格局，初步建立了农村集体经济制度，为支持工业和城市发展提供了强有力支撑。

1978年，安徽省凤阳县小岗村18位农民按下“包干保证书”红手印，建立了以家庭承包经营为基础、统分结合的双层经营体制，拉开了我国农村改革的序幕。家庭联产承包制极大地调动了农民生产积极性，再加上统购统销的农产品购销体制取消，工农产品价格关系得到调整。乡镇企业异军突起，农业剩余劳动力加快转移，农业产业化经营应运而生，小城镇迅速发展，改变了我国城乡经济格局，拓宽了农民就业空间和增收渠道。

总体说来，经过半个多世纪以来的努力，我国农业生产状况发生了极大改变。1949年以来，农村生产关系经历了四次变革或调整，对农村生产力的发展状况产生了不同影响。

（1）土地分配（1949—1952 年）。进行土地改革，解放农村生产力。

（2）农业集体化（1953—1956 年）。从农业互助组、初级农业生产合作社到高级农业生产合作社的发展，基本完成农业的社会主义改造，形成农业集体化模式；制定工人辅助农工计划，建立国有农垦系统。

（3）人民公社化（1957—1978 年）。提高生产资料公有化程度，建立大规模人民公社，建设劳动密集型农业生产项目。

（4）家庭联产承包责任制（1979 年至今）。在农村坚持土地公有制，改变经营管理方式，实行分户经营，同时，继续保留农垦系统。

从发展情况中可以看出，我国的农业产业结构在 1949 年后经历了关键性变革，极大促进了农业产业发展。

与发达国家农业发展历程相比，由于社会政治经济原因，我国农业生产水平在人民公社化阶段一度滑坡。但为了强化农业产业、促进“三农”发展，我国在 1949 年之后的半个世纪以来，着力促进土地分配与生产率提高并行，市场竞争与政府干预并重。特别是进入 21 世纪以来，我国实行了“多予、少取、放活”的方针，着力构建“以工促农、以城带乡，工业反哺农业”的积极局面，全面取消农业税，在中国历史上延续 2 600 多年的农业税走进了“历史博物馆”。2004 年开始，中央连续印发以“三农”为主题的 1 号文件，逐步建立健全强农惠农富农政策体系，农业经济发展水平总体正逐步进入农业机械化时期，在政策制定上也已经达到了现代农业水平。

2. 1949 年后农业发展情况　1949 年以来，我国农业发展速度较快，整体发展势头良好。

一方面，农业总产值（图 1－1）从 1949 年的 326 亿元，到 1970 年突破千亿元。而后随着改革开放的进程加快，在 1987 年之后更产生了质的飞跃。2015 年我国农业总产值达到 10.2 万亿元，首次突破 10 万亿元大关，约占全国总产值的 15%左右。2020 年，我国农业总产值 13.8 万亿元，占全国总产值的 14%左右。另一方面，农业总产值指数（图 1－2）也由 1949 年的不足 100%，逐年上升至 2019 年的 1 867.1%。

耕地资源是不可替代的农业生产资料。近年来，随着我国工业化、城市化进程的加快，我国农业耕地资源下降得十分严重。2008 年末我国耕地面积为 18.25 亿亩①，约占国土面积的 12.7%，人均可耕地面积仅为 1.4 亩，相当于世界人均耕地面积的 1/3 左右，相当于美国人均耕地面积的 1/8。为了确保我国耕地面积，国土资源部印发的《全国土地利用总体规划纲要（2006—2020 年）

① 亩为非法定计量单位，1 亩≈667 米^2。——编者注

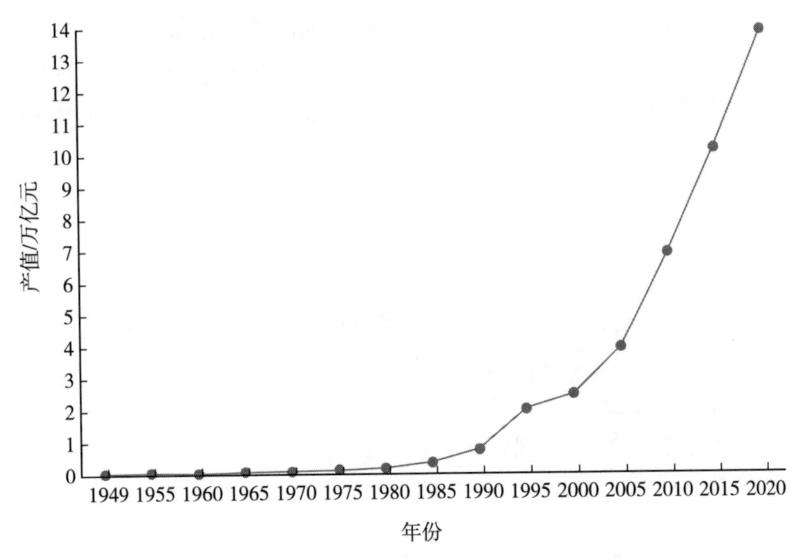

图 1-1　我国 1949 年以来农业总产值

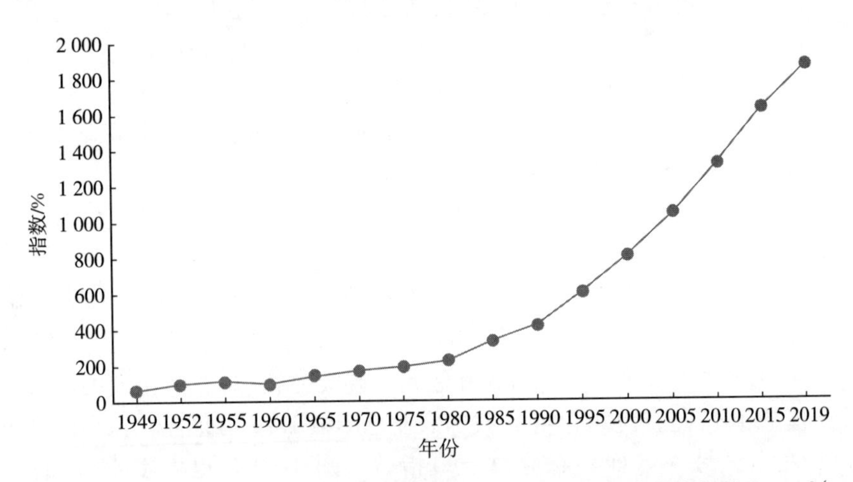

图 1-2　我国 1949 年以来农业总产值指数（1952 年的农业总产值指数为 100%）

（注：2003 年以前农林牧渔业总产值指数按 1990 年不变价格计算，2003 年以后按可比价计算）

调整方案》中，对全国及各省份耕地保有量、基本农田保护面积、建设用地总规模等指标进行调整，并对土地利用结构和布局进行优化。2009 年 6 月 23 日在国务院新闻办公室举行的新闻发布会上，国土资源部提出“保经济增长、保耕地红线”行动，坚持实行最严格的耕地保护制度，耕地保护的红线不能碰。2020 年统计结果显示，我国农业耕地面积增长到 20.25 亿亩，有效保住了 18 亿亩的“耕地红线”。

随着农业结构调整，我国乡镇企业、农村服务业蓬勃发展，第一产业从业人员也逐渐向第二、第三产业转化，我国农村就业人员数量不断增长，农业从业人口则处于逐年下降趋势（图1-3）。2016年，我国共有3.14亿农业生产经营人员，约占全国人口总数的20%。

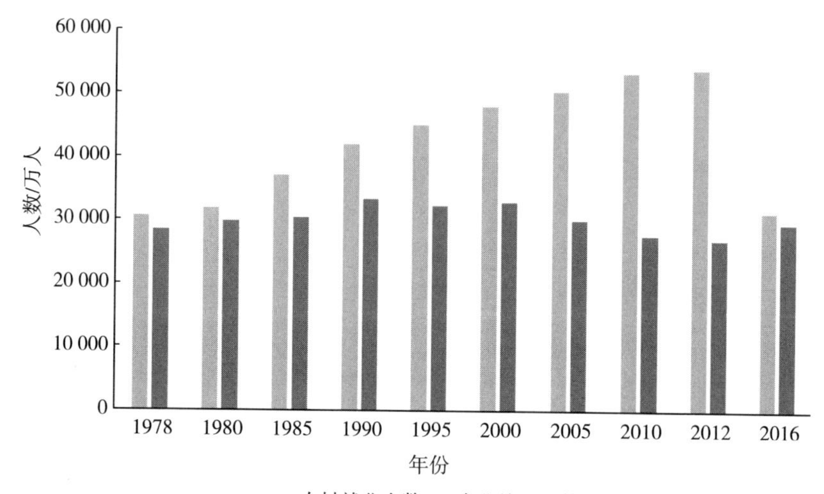

图1-3　我国农村就业人数和农业从业人数

近年来随着科技的发展，我国农村机械化水平不断提高，农业机械使用数量持续增长。耕地面积和从业人员的减少，也在一定程度上促进了我国农业机械化的发展。反过来说，农业机械化的快速推进也解放了农业劳动力。1949年，我国农业机械化装备总动力只有8 101万千瓦，农用拖拉机117台，一些大型农业机械如联合收割机、农用载重汽车等基本上是空白。随着国家经济发展、科技能力进步，农业机械化水平有了跨越式的提升。以农业机械总动力（图1-4）为例，1978—2020年，我国农机总动力已翻了将近十倍，达到了105 550.00万千瓦。2013年，我国拥有大中型拖拉机527万台，数量上已经远超过美国等发达国家。2020年，随着我国机械化耕种技术优化、大型农机设备能效提升和产业机构调整，大中型拖拉机保有量略有下降，但在用大中型拖拉机444万台，仍居世界前列，各主要农业生产地区农机保有量和驾驶员数量也保持稳定（表1-1）。

但由于地域复杂性，我国家庭作坊式生产与大区域机械化生产并存，其中使用中小型农机和个人纯手工的小规模生产占比相对较高。在我国农村，传统农业特征显著，以家庭为单位，种植、养殖混合型的生产模式是极为普遍的。同时，随着老龄化和城镇化比例升高，越来越多的年轻劳动力进入城市，农业

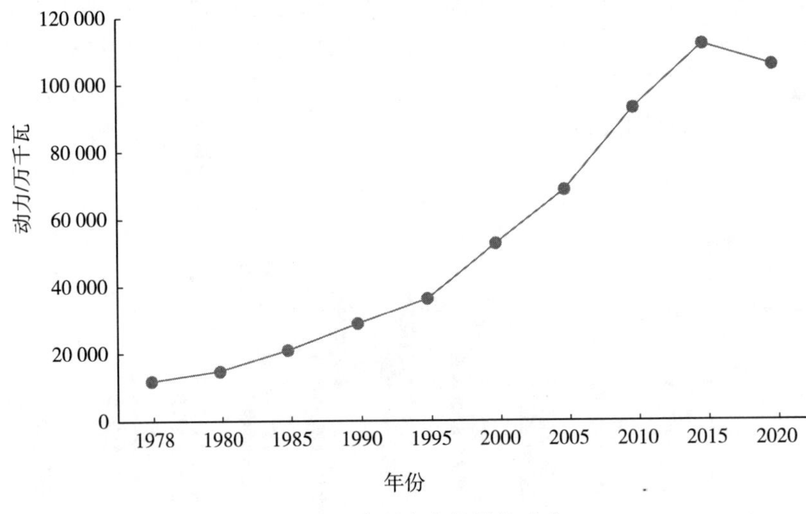

图 1－4　我国农业机械总动力

劳动力总量也逐年下降。截至 2020 年，我国农业人口占全国总人口数量约 36%左右，其中能够从事农业及农业相关生产的人员呈现年龄结构偏大、文化水平不高、综合素质较低等典型特征。根据第三次农业普查数据统计（表 1－2）能够看出，我国从事农业生产经营的人员 1/3 为 55 岁以上的中老年劳动者，从业人员学历主要为初中，1/3 以上的从业人员未完成九年制义务教育，文化程度较低。

表 1－1　2020 年我国部分省份农机和农机驾驶员数量（按拖拉机数量排序）

<table>
<tr><th>省份</th><th>拖拉机/万台</th><th>变型拖拉机/万台</th><th>联合收割机/万台</th><th>拖拉机驾驶人/万人</th><th>收割机驾驶人/万人</th></tr>
<tr><td>安徽</td><td>228.93</td><td>6.39</td><td>18.77</td><td>20.00</td><td>4.70</td></tr>
<tr><td>山东</td><td>147.87</td><td>0.00</td><td>23.66</td><td colspan="2">29.40</td></tr>
<tr><td>吉林</td><td>123.14</td><td>0.30</td><td>10.10</td><td>56.01</td><td>2.64</td></tr>
<tr><td>湖南</td><td>21.67</td><td>2.60</td><td>11.09</td><td>23.63</td><td>4.44</td></tr>
<tr><td>云南</td><td>17.36</td><td>20.90</td><td>0.49</td><td>50.30</td><td>0.14</td></tr>
<tr><td>福建</td><td>4.62</td><td>1.30</td><td>0.91</td><td>7.67</td><td>0.45</td></tr>
<tr><td>贵州</td><td>3.27</td><td>2.91</td><td>0.04</td><td>2.12</td><td>0.03</td></tr>
</table>

以渔业为例，2016—2020 年我国渔业人口和渔业从业人员明显呈现连年下降趋势（表 1－3）。2020 年，全国渔业人口 1 720.77 万人，同比减少

107.44 万人，其中传统渔民 555.43 万人，同比减少 45.06 万人；渔业从业人员 1 239.59 万人，同比减少 52.11 万人。

表 1－2　农业生产经营人员构成

单位：%

项目		全国	东部地区	中部地区	西部地区	东北地区
年龄	35 岁及以下	19.2	17.6	18.0	21.9	17.6
	36～54 岁	47.3	44.5	47.7	48.6	49.8
	55 岁及以上	33.6	37.9	34.4	29.5	32.6
受教育程度	未上过学	6.4	5.3	5.7	8.7	1.9
	小学	37.0	32.5	32.7	44.7	36.1
	初中	48.4	52.5	52.6	39.9	55.0
	高中或中专	7.1	8.5	7.9	5.4	5.6
	大专及以上	1.2	1.2	1.1	1.2	1.4

表 1－3　2016—2020 年我国渔业人口数量变化情况

年份	渔业人口		传统渔民		渔业从业人员	
	数量/万人	同比增速/%	数量/万人	同比增速/%	数量/万人	同比增速/%
2016	1 973.40		661.10		1 381.70	
2017	1 931.85	−2.11	652.14	−1.36	1 359.39	−1.61
2018	1 878.68	−2.75	618.29	−5.19	1 325.72	−2.48
2019	1 828.20	−2.69	600.50	−2.88	1 291.70	−2.57
2020	1 720.77	−5.88	555.43	−7.51	1 239.59	−4.03

3. 部分农业产业形态发展情况　2005 年 10 月，中共十六届五中全会通过的《中华人民共和国国民经济和社会发展第十一个五年规划纲要》，提出要按照“生产发展、生活富裕、乡风文明、村容整洁、管理民主”的要求，扎实推进社会主义新农村建设。2013 年中共中央、国务院印发《关于加快推进农业科技创新持续增强农产品供给保障能力的若干意见》提出，坚持依法自愿有偿的原则，引导农村土地承包经营权有序流转，鼓励和支持承包土地向专业大户、家庭农场、农民合作社流转，发展多种形式的适度规模经营。

在相关政策文件的指引下，家庭农场的经营范围逐步走向多元化，将种植、养殖、农产品加工、销售、餐饮、乡村游、农家乐、蔬菜配送等各类产业相结合，从粮经结合，到种养结合，再到种养加一体化，一二三产业融合发展。建立了一个比较完善的循环农业产业模式。其中，休闲农业作为新型农业发展模式，在距离城市较近、交通方便的县、镇、村进入快速发展阶段，成为家庭农场的重要经营方式之一。

党的十八大以来，我国农村农业发展取得重大成就。农产品加工业持续发展，乡村特色产业蓬勃发展，休闲旅游业快速发展，乡村新型服务业加快发展。2019 年统计数据显示，我国农产品加工业营业收入超过 22 万亿元，规模以上农产品加工企业 8.1 万家，吸纳 3 000 多万人就业；建设了一批产值超 10 亿元的特色产业镇（乡）和超 1 亿元的特色产业村，发掘了一批乡土特色工艺，打响了 10 万多个“乡字号”“土字号”乡土特色品牌；建设了一批休闲旅游精品景点，推介了一批休闲旅游精品线路，休闲农业接待游客 32 亿人次，营业收入超过 8 500 亿元；农林牧渔专业及辅助性活动产值 6 500 亿元，各类涉农电商超过 3 万家，农村网络销售额 1.7 万亿元，其中农产品网络销售额 4 000 亿元。

与此同时，我国农业产业化也在深入推进。2019 年，农业产业化龙头企业 9 万家（其中国家重点龙头企业 1 542 家），农民合作社 220 万家，家庭农场 87 万家，带动 1.25 亿农户进入大市场。农村创新创业规模不断扩大。2019 年各类返乡入乡创新创业人员累计超过 850 万人，创办农村产业融合项目的占到 80%，利用“互联网+”创新创业的超过 50%，在乡创业人员超过 3 100 万。

4. 农村道路交通情况 经国务院批准，2006 年，以“修好农村路，服务城镇化，让农民兄弟走上沥青路和水泥路”为口号，农村公路建设“十一五”“五年千亿元建设工程”启动。随着这项 1949 年以来规模最大的农村公路建设工程不断推进，农村经济发展的交通瓶颈被有效打破，农村交通进入快速发展的新阶段。十几年来，我国农村道路增长速度迅猛，截至 2019 年，我国农村公路里程占公路总里程的 80%以上，各省份的具体情况差别较大，最高占比达到 96%，最低占比约为 58.6%（图 1-5、图 1-6）。

从对不同省份的抽样统计结果可以看出（表 1-4），截至 2019 年，我国各省份农村机动车和驾驶员数量占比 40%～79%不等，大多数省份远超 50%。农村地区机动车不仅数量庞大，而且主要受经济发展水平影响，整体水平低，各种车辆混杂、低端车型较多，保养缺失车辆带病上路比较普遍。面包车、摩托车、电动三轮车、低速载货汽车、拖拉机是农村道路行驶车辆的绝对“主力”，甚至还有一定数量的报废车、拼装车，特别是农村地区电动三轮车、二轮车基数较大。根据河北省抽样调查结果，平均每 50 户中 30 户有三轮电动车，6 户有二轮电动车，1 户有燃油助力车，13 户有小型汽车，2 户有三轮汽

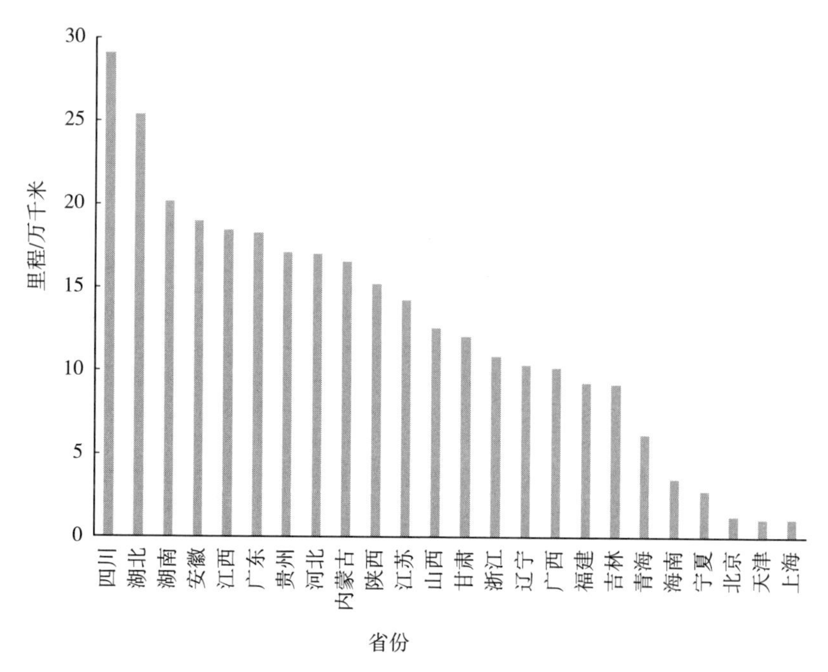

图 1-5 2019 年底我国部分省份农村公路里程统计

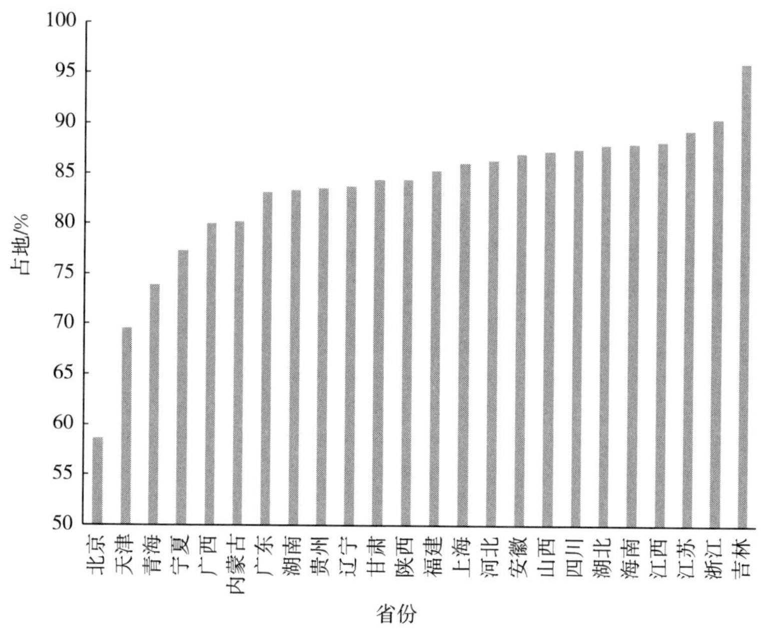

图 1-6 2019 年底我国部分省份农村公路里程占比

车，其中前三类车占比高达74%。根据吉林省的统计，当地农村拖拉机、低速货车、三轮车、摩托车、微型面包车数量占农村机动车总量的75%以上。

表1-4　部分省份农村车辆与驾驶员数量情况（按车辆数占比排序）

省份	机动车		驾驶员	
	数量/万台	占比/%	数量/万人	占比/%
吉林	233	40	436	56
甘肃	348	50	520	75
福建	759	65	943	69
重庆	492	70	371	40
湖南	979	72	1 255	78
贵州	632	72	855	79

农村地区机动车驾驶员组成复杂。据四川省的统计，当地低速货车、三轮汽车、拖拉机、摩托车驾驶人居多，占农村机动车驾驶员的80%～90%，大多数没有经过严格的教育培训，属“自学成才”，部分人没有取得机动车驾驶资格，无证驾驶车辆。据河北省统计，三轮电动车、二轮电动车、燃油助力车的驾驶人多为老人和青少年儿童。据湖南省统计，农村老年人驾驶非国标电动车、农用车等低安全性能车辆问题普遍存在，占农村道路车辆行驶的60%以上。

5. 农村自建房情况　我国农村房屋数量庞大，分布广泛。从2021年的排查数据看，全国约50万个行政村范围内有2.23亿户农村房屋，总建筑面积约407亿米^2。其中，农村自建房约2.17亿户、380亿米^2；农村非自建房约607万户、23.50亿米^2。东部地区有农村房屋8 300多万户，占37.5%；中部地区约6 600万户，占29.7%；西部地区约6 100万户，占27.3%；东北地区1 200万余户，占5.5%。农村房屋数量最多的5个省份依次是山东、河南、河北、四川、广东（图1-7），这5个省份的农村房屋数量占全国农村房屋总量的近40%。

从房龄看，建于1980年及以前的农村房屋占10%左右，建于1981—2000年的近40%，建于2001年及以后的占50%左右。以2000年为界限，21世纪前后修建的农房各占一半左右。从建筑层数看，一层的农村房屋占53%，二层的占33%，三层及以上的占14%，可以说，绝大部分农村自建房都是二层及以下。从建筑面积看，50米^{2}以下和200米^{2}以上的农村房屋约占30%，建筑面积在100～200米^{2}的居多。从结构类型看，约有一半的农村房屋采用砖

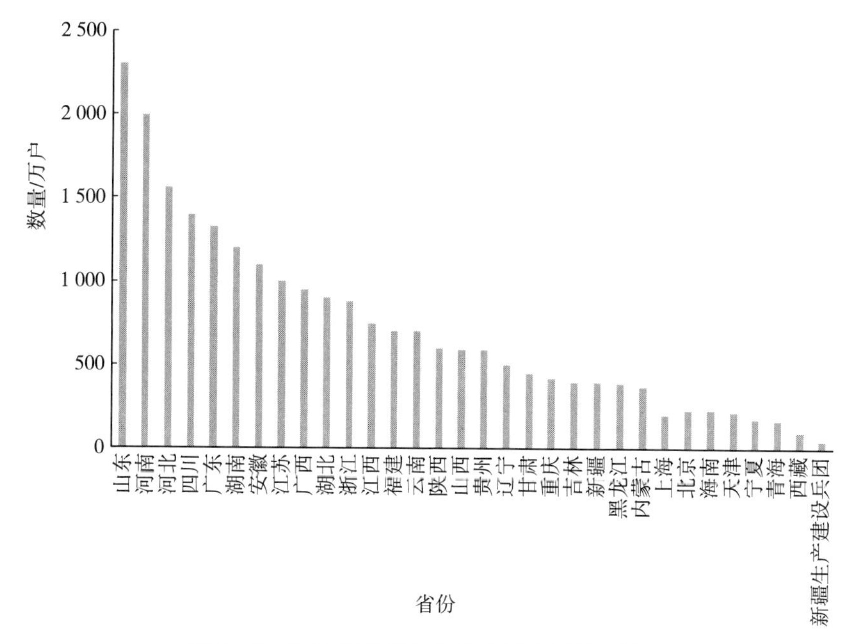

图 1-7　2021 年我国各省份农村房屋数量情况

混结构、砖木结构、石木结构，钢筋混凝土结构的不足 1/3，还有少量的土坯房、木结构及其他结构。其中，房龄在 40 年以上的，以土坯房、木结构为主；房龄在 20 年以内的，以砖混、砖木、钢筋混凝土结构为主。

从用作经营情况看，在行政村范围内，我国约有 860 万户农村自建房用作经营，约占农村自建房 4%。用作经营的农村自建房以批发零售、生产加工和餐饮服务为主，约占用作经营农村自建房的 70%。东部地区用作经营的农村自建房数量较多，占全国总量的 40%左右。从改扩建情况看，3.5%的农村房屋存在改扩建行为，而其中用作经营的农村自建房改扩建的情况较多，占用作经营农村自建房的近 6%。

近年来，随着农村经济社会发展和农民生活水平的提高，农村建房出现一些新情况。一是建筑面积越来越大。面积超过 300 米^2 的农村房屋占比，建于 1980 年以前的为 3.9%，建于 1981—2000 年的为 6.5%，建于 2000 年以后的为 15.1%，是 1980 年及以前的近 4 倍。二是层数越来越高。三层及以上的农村房屋占比，建于 1980 年以前的为 3.3%，建于 1981—2000 年的为 7.5%，建于 2000 年以后的为 20.1%，是 1980 年及以前的 6 倍多。三是农村自建房用作经营越来越多。用作经营的农村自建房占比，建于 1980 年以前的为 1.7%，建于 1981—2000 年的为 3.1%，建于 2000 年以后的为 5.1%，是

1980 年及以前的 3 倍。

二、典型农村农业产业形态

1. 农垦 农垦是我国相对特有的一种农业产业模式，农垦系统内的农业从业人员是在编的国家正式职工和国家干部，受各农垦企业（单位）管理。

中国共产党领导的农垦事业起源于抗日战争时期。1939 年冬，在毛泽东同志“自己动手、丰衣足食”的号召下，陕甘宁边区开展军民大生产运动，延安创办了根据地第一个农场——光华农场。120 师 359 旅按照“农业为第一位、工业与运输业为第二位、商业为第三位”的方针，开发建设了南泥湾。1947 年，东北各省创建一批国营农场。1948 年，华北人民政府农业部在河北省冀县、衡水、永年交界的干顷洼建立了解放区第一个机械化国营农场——冀衡农场。

1949 年后，人民解放军一部分部队在边疆省份无农区开辟大量国有农场，满足国家建设对粮食的需要。1956 年，国务院设立农垦部，各省份垦区成为农垦部直属企业，农垦系统成为支撑国家粮仓的主要力量。

十一届三中全会后，农垦系统进入经营改革时期。1978 年，国务院决定在农垦系统国营农场试办农工商联合企业，实行农工商综合经营，突破了农场长期单一经营农业的格局。1983 年农垦系统兴办职工家庭农场，建立大农场套小农场的双层经营体制，解决了职工吃企业“大锅饭”问题。农垦系统以市场经济为导向，逐步建立和完善现代企业制度，加大对外开放力度，完善职工社会保障制度。总体说来，农垦改革包括了三个方面：①发展农工商综合经营；②变革经营管理体制，实行多种经营模式；③变革职权归属，成立农业部农垦局。

2002—2015 年，我国农垦系统加快推行集团化、企业化、股份化改革，理顺管理体制，创新运行机制，通过建立社会保障体系、加大土地管理力度、强化改革办社会职能、加强债务化解等方面工作，着力优化农垦发展环境，积极实施农业“走出去”战略，农垦管理体制更加适应市场经济体制要求，企业经营机制更加灵活高效，成功打造了一批具有市场竞争力的现代农业企业集团，农垦经济效益保持持续高速增长，

2015 年 11 月 27 日，中共中央、国务院印发《关于进一步推进农垦改革发展的意见》。以此为标志，农垦改革发展也随着我国农村农业发展进入新时代，基本完成了农垦国有土地使用权确权登记发证和改革国有农场办社会职能任务，垦区集团化和农场企业化改革稳步推进，建设了一批现代农业大基地、

大企业、大产业。目前，我国农垦系统拥有 1 800 余个国有农场、1 400 多万人口、职工 247 万人、650 万多公顷耕地、5 000 余家国有及国有控股企业、7 500 多亿元国有资产（不含土地等资源性资产）。2020 年统计数据显示，全年农垦经济实现生产总值 18 279.79 亿元。

2. 休闲农业 2005 年 10 月，十六届五中全会通过《中共中央关于制定国民经济和社会发展第十一个五年规划的建议》，提出要按照“生产发展、生活富裕、乡风文明、村容整洁、管理民主”的要求，扎实推进社会主义新农村建设。其中，休闲农业作为新型农业发展模式，在距离城市较近、交通方便的县、镇、村开始进入快速发展阶段。

2012 年底，我国共有 8.5 万个村子开展了休闲农业与乡村旅游活动，休闲农业与乡村旅游经营主体达到 170 万家，其中农家乐 150 万家；从业人员 2 800 万，占全国农村劳动力的 6.9%；年接待游客 8 亿人次，实现营业收入超过2 400 亿元。2019 年，我国休闲农业年接待旅游人次达到 32 亿，年营业收入达到 8 500 亿元，农家乐、休闲园区、生态园、乡村旅游聚集村等多种产业形态竞相发展，农户、村集体经济组织、农业企业、文旅企业及社会资本等经营主体多种多样。

目前我国休闲农业主要有如下几种形式：

（1）个体农户经营模式。以农民为经营主体，农民通过对自己经营的农牧果场进行改造和旅游项目建设，使之成为一个完整意义的旅游景区（景点），进行旅游接待和服务工作，如采摘园、农家乐等。

（2）“农户＋农户”模式。由农户带动农户，农户之间自由组合，共同参与乡村旅游的开发经营，形成“一户一特色”的规模化产业，如杭州龙井村等。

（3）“公司＋农户”模式。由公司直接与农户联系与合作，进行开发、经营与管理，买断农户的土地经营权，雇佣农民，并向参与经营的农户分红。

3. 休闲渔业 自 20 世纪 60 年代开始，休闲渔业在一些经济较为发达的沿海国家和地区迅速崛起，并随着时代的发展实现渔业第一产业与第三产业的结合。在海洋渔业发达的国家，休闲渔业已经表现出发展规模不断扩大、参与人数不断增加、发展结构合理等特点。美国国家海洋局统计，2016 年美国休闲渔业的年总消费额约为 450 亿美元，远高于其渔获物的价值，为社会提供了 120 万个就业机会。从自然条件上说，我国东部临海，海岸线总长度达 3.2 万多千米，海鱼品种多，适宜游览、观赏、船钓或垂钓等活动的海域面积广，作为集渔业、休闲游钓、旅游观光为一体的产业，休闲渔业在我国有着广泛的市场发展潜力。党的十九大之后，农业农村部发布《关于开展 2018 年休闲渔业质量提升年活动的通知》，引领休闲渔业成为渔业实施供给侧结构性改革、转变发展方式、高质量发展的牵引机。《中国渔业统计年鉴》数据显示，自 2003 年实施休闲渔业监测统计以来，我国休闲渔业产值年均增长率 19.56%，到 2019 年产值达 943.18 亿元，占我国渔业经济总产值的 3.57%，占涉渔第三产业产值的 12.45%。

我国休闲渔业是以渔业生产为载体，通过资源优化配置，将休闲娱乐、观赏旅游、生态建设、文化传承、科学普及以及餐饮美食等与渔业有机结合，实现一二三产业融合的新型渔业产业形态，主要包括休闲垂钓、渔家乐、观赏鱼、渔事体验和渔文化节庆等类型。特别是被誉为“海上高尔夫”的海钓活动，已经成为我国海洋休闲渔业的重要组成部分。1996 年起，我国十几个城市先后承办国际渔业博览会，2000 年首次举办正规海钓赛事（亚细亚矶钓大赛）。虽然我国海钓产业起步晚、发展慢，近十几年才逐渐开始产业化发展，但发展势头良好。以山东为例，基于海洋牧场的休闲海钓产业，已成为拉动山东内需的重要板块，休闲海钓活动拉动的消费总额是所钓鱼品价值的 53 倍。2014—2017 年省级休闲海钓示范基地经营收入年均增长 210%。现阶段，除了较早发展的浙江舟山和海南之外，存在一定规模的海钓基地主要有三大区域中心：黄渤海以天津、秦皇岛、大连、烟台、青岛为区域中心，东海以舟山、宁波、温州、福州、台北为区域中心，南海以珠海、澳门、深圳、香港、阳江、湛江、三亚为区域中心。“十四五”期间，我国海钓产业将随着休闲渔业发展进入一个黄金时期。

4. 乡村特色产业 是指根植于农业农村特定资源环境，由当地农民主办，彰显地区特征、开发乡村价值、具有独特品质和小众类消费群体的产业。乡村特色产业具有地域特色鲜明、乡土气息浓厚、消费群体明确、产品种类繁多等特点，主要集中于特色种养、特色加工、特色食品、特色制造和特色手工业等产业产品的输出。乡村特色产业已经成为乡村产业的重要增长极，是乡村二三产业发展延伸的重要关注点。

一方面，我国通过推动乡村特色产业的发展，以资源禀赋和独特历史文化为基础，有序开发，因地制宜发展小宗类、多样性特色种养，加强地方小品种种质资源保护和开发，充分挖掘农村各类非物质文化遗产资源，保护传统工艺，发掘了一批乡村特色产品。很多带有地域特色的传统产品，如卤制品、酱制品、豆制品、腊肉腊肠、火腿等传统食品，以及竹编、木雕、银饰、民族服饰等传统手工业产品，成为城镇消费者的“后备箱商品”和“伴手礼”。

另一方面，围绕具有特色农产品的优势地区，我国着力打造乡村特色产业基地，积极发展粮、油、薯、果、菜、茶、菌、中药材、畜禽、林特花卉苗木等多样化特色种养。2018 年起，中央财政拨款 12.74 亿元，支持 20 个省份 62 个县，围绕 1～2 个主导产业建设绿色化、标准化生产基地，支持建设规范化乡村工厂、生产车间，发展加工仓储物流等关键环节，加强质量控制和品牌培育，全面提升了特色农业的绿色化、标准化、品牌化发展水平。

在产品发展的同时，乡村特色产业发展更加关注区域经济发展的优势，鼓励各地区不断将资源优势转化为产业优势、产业优势转化为经济优势。2019 年，我国“一村一品”示范村镇 2 400 余个，成为乡土特色产业品牌化、集群化发展的平台和载体。示范村镇通过激发自身农业资源和自然生态优势，实现人无我有、人有我优、人优我特的发展途径，推进整村开发、一村带多村、多村连成片，夯实产业基础，切实提高经济效益。在此基础上，全国各地按照“有标采标、无标创标、全程贯标”要求，制定不同区域不同产品的技术规程和产品标准，宣传推介乡村特色产品和能工巧匠，形成发扬了近 10 万个“独一份”的“土字号”“乡字号”特色产品品牌。

通过发展乡村特色产业，我国农村地区以资源禀赋和独特历史文化为基础，围绕特色农产品优势区，激发自身农业资源和自然生态优势，推进集群化、产业化发展，加快建立标准化、智能化、清洁化的加工工厂。但基于我国农村发展现状，更多特色农产品的生产加工过程以个体农户、家庭农场为单位，在传统手工作坊、家庭工场、乡村车间等环境进行。同时，通过“互联网+”手段推进建立电商销售供应链，利用直播、直销、会员制、私人订制等方式，有效形成集采购、生产、物流、消费于一体的农商直联产销模式，推进农产品出村入城。

5. 农民专业合作社　是在农村家庭承包经营基础上，同类农产品的生产经营者或者同类农业生产经营服务的提供者、利用者，自愿联合、民主管理的互助性经济组织。2017 年《中华人民共和国农民专业合作社法》颁布实施 10 周年，我国农民合作社从快速起步进入发展壮大时期，合作社数量持续增长，产业类型日趋多样，业务领域持续拓宽，服务能力持续增强。

习近平总书记指出，要突出抓好农民合作社和家庭农场两类农业经营主体发展，赋予双层经营体制新的内涵，不断提高农业经营效率。截至 2017 年 9 月底，全国依法登记的农民合作社 196.9 万家，是 2012 年的 2.86 倍，是 2007 年的 76 倍，年均增速达到 37.2%，入社农户超过 1 亿户，占全国总农户数的 46.8%，社均成员约 60 户。2019 年 7 月底，全国依法登记的农民合作社已经达到 220.7 万家。

现阶段，我国各类农民合作社生产经营涵盖了农业生产的产前、产中和产后各阶段，连接了农业经营的收购、营销、储运各环节，融合农村一二三产业各业态，基本克服了农户家庭分散、小规模经营的困难，提高了农业的组织化、市场化程度。随着农民合作社内部组织不断健全，农民合作社带动农民入社经营和增产增收能力显著增强，有力地促进了农业生产力的提高，并带动了农业农村生产关系的深刻变革与创新。2019 年，中央农村工作领导小组办公室、农业农村部等 11 个部门和单位联合印发了《关于开展农民合作社规范提升行动的若干意见》，围绕乡村产业、服务功能、乡村建设、利益联结、合作联合等方面引导鼓励农民合作社增强对农户的服务带动能力，提升农民合作社规范发展水平。

第二章　我国农村农业安全风险特征

一、安全生产总体情况

中华人民共和国成立初期，农业农村工作的重心主要是土地改革和集体化，完成农业的社会主义改造，对于安全生产工作关注度不多。改革开放以来，我国着力促进土地分配与生产率提高并行，打造现代化农业，对于安全生产工作的关注也日益提高，逐步建立了农业安全监管体制，通过农机、农药、渔业船舶等方面管理，提高安全生产水平。但这一阶段我国安全生产统计工作仍处于初期阶段，更多关注第二产业安全生产，农业相关统计指标和要求缺失较多。

随着2002年《安全生产法》的颁布实施，我国进入安全生产法治化管理新阶段，切实促进了农业安全监管水平的提升。近几年，我国切实加强对农村农业安全生产工作的领导，建立健全农业安全生产管理体制，层层落实责任制，持续深入开展农业机械、船舶渔业专项治理，增加农村建筑安全改造资金投入，指导各地加强农业安全生产各项工作，提高农村应急基础建设水平和能力，农业安全生产呈现“大体稳定，逐步好转”的趋势（图2-1、图2-2）。

从统计口径上来说，2008年以前，我国对农林牧渔业生产安全事故的统计中不包括农业机械和渔业船舶事故。2008—2015年，全国生产安全事故不再对农林牧渔业生产安全事故进行统计，只单独统计农业机械和渔业船舶事故情况。2016年起，安全生产统计口径有所调整，将农业机械、渔业船舶与其他农林牧渔业事故进行合并，作为农林牧渔业数据进行统计。

但按照我国安全生产统计指标的规定，目前农林牧渔业生产安全事故统计的是农林牧渔业企业的情况，对于非企业的个人、家庭、集体农业生产情况没有明确统计。

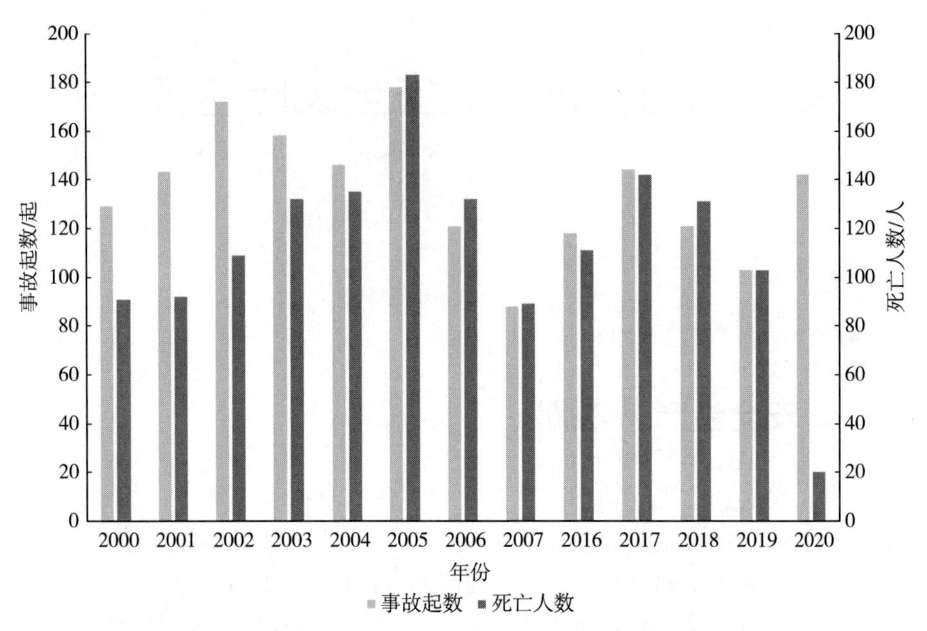

图 2-1　2000—2020 年我国农林牧渔业生产安全事故起数及死亡人数（不包含农业机械、渔业船舶事故数）

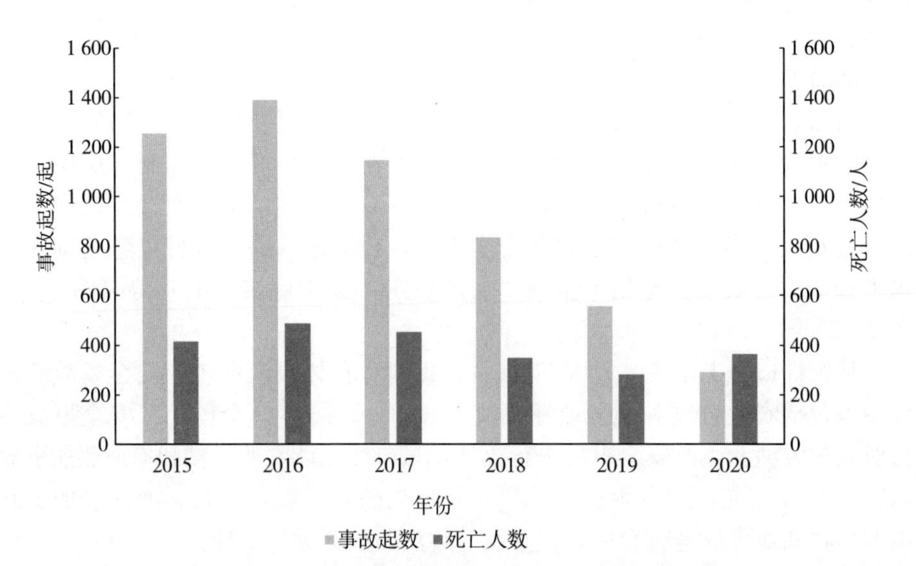

图 2-2　2015—2020 年我国农林牧渔业生产安全事故起数及死亡人数（包含农业机械和渔业船舶事故数）

二、典型安全风险特征

1. 多样性 无论是从经济社会的发展阶段状态，还是从人的安全需求转变来看，不同时期的农村农业安全风险会有一定的区别，同一类别的农村农业安全风险在不同时间阶段造成的危害也会有明显的差异。

具体来说，在乡村产业发展的过程中，各行业领域纷纷抓住乡村政策、环境、人口等方面优势，加快经营布局，传统乡村的产业模式、经营结构也随之发生了极大变化。特别是我国提出推进农村一二三产业融合发展政策，深化农业供给侧结构性改革，为推动乡村产业振兴提供重要抓手，是促进农民持续增收、决胜全面建成小康社会的有效途径。在这种发展趋势下，乡村产业涉及的生产经营形式越来越多，生产环境日趋复杂，除了传统的农业生产之外，化工生产、物流运输、建筑施工、能源供应、休闲旅游、餐饮住宿等生产经营活动进入乡村地区，其带来的生产安全风险类型几乎覆盖已知安全风险，并随着产业结构和相关行业领域的快速发展不断产生新风险和新问题。

以乡村特色产业为例，随着工厂化生产加工大量进入农村，安全生产管控水平则成为农村特色产业安全发展的重要约束条件。一方面，村民自建厂房仓库及对现有房屋改造的过程中，普遍存在无设计、设计不合理不合规、房屋改造前未进行评估的现象，材料选用不合格、施工过程不规范等情况更是屡屡发生，直接导致厂房仓库安全性先天不足。另一方面，特色产业工厂一般以村委会管理为主，参与管理的人员大多是农村中老年农业劳动力转型而来，缺乏专业生产和安全管理人员，或存在人员流失、更替率高的现象。未培训即上岗、基本作业能力薄弱、作业现场混乱无序、电力线路超负荷运转、设备设施未定期检维修、消防通道堵塞、未制定相关应急预案、未储备救援物资等问题普遍存在，安全隐患随处可见。部分传统工艺规模化生产过程中存在的安全风险也并未得到充分辨识，未提出有效的防控措施。

同时，由于科学技术的发展、进步和提高，生产技术不断改进，互联网、物联网脉络快速延伸。农业机械的更新换代加快，工业机械自动化水平提高，原材料升级、生产工艺迭代、新能源替换等情况越发普遍，各类科技成果在乡村产业的应用覆盖面越来越广。但在新技术、新设备、新工艺的推广过程中，各类安全风险未得到充分重视。

2. 季节性 相对其他行业领域，农村各类生产经营特点带有明显的季节性，安全生产也随之产生季节性特征。

农业产业的生产经营由于农作物生长发育受热量、水分、光照等自然因素影响，而自然因素必然随季节产生周期性变化。因此，农业生产的一切活动都与季节有关，从播种到收割等各个环节需要按季节顺序安排，具有显著的季节性，农村生产经营人员的工作内容随季节变化会发生较大变化，风险类型也随之变化。同样的，捕鱼、林业种植砍伐、畜牧业等也存在一定的季节性和周期性，有较为明显的农忙与农闲之分，其生产经营过程的安全风险也会伴随着不同季节发生。例如，东北雪乡乡村旅游旺季集中于每年 10 月至次年3 月，中原地区秋收时期从业人员大量采用农机作业。季节性的生产特征要求农村农业从业人员掌握不同季节中不同类型生产活动的操作技能、安全规程与应急措施等，不仅对人员能力素质要求有所提升，安全风险也不可避免地有所增加。

另一方面，我国处在较为复杂的“气候脆弱区”，地理位置特殊，普遍存在如洪涝、飓风、暴雪等极端天气和塌方、山体滑坡、地震等地质灾害等。地震、洪水、冰雹等自然灾害不仅直接严重危害农业生产，对人们的生命安全也造成直接威胁。同时，我国复杂的生态环境，使各种自然灾害极易形成灾害链，即单一灾害发生的同时可引发出各种不同的自然灾害，出现多灾并发的局面。而这种多灾并发的情况与农村日益发展多样的生产经营模式相结合，并引发一系列次生灾害。灾害链的形成，不仅导致灾害损失急剧增大，影响正常的生产经营行为，也极大地影响了事故救援的及时性和有效性，导致更加严重的伤亡后果。以暴雨为例，暴雨是我国最为频发的自然灾害之一，其在引发洪涝灾害的同时，可进一步触发滑坡、泥石流等情况，形成暴雨、洪水、滑坡、泥石流多灾并发的灾害链，并引发坍塌、火灾、爆炸等。

3. 分散性　我国农村地域广阔，地理环境、气候类型千差万别，各地经济发展水平、农民收入水平差别比较大，具有显著的分散性特点。

从自然灾害角度上来说，我国农村范围涉及的自然灾害不仅种类多、频率高、强度大，还具有空间分布不均、地域组合明显、受损面广、损害严重等典型特征。例如，我国旱灾主要集中分布在北方大部分旱作农业区域，华北地区的受灾和成灾面积占全国的比重约为 40%；而水灾主要集中分布于黄淮海平原，特别是我国长江中下游、东南沿海、东北平原等地，洪涝灾害发生数量占全国的 2/3 以上。

从村庄社会结构的视角来看，我国农村可以分为南方、中部和北方三大区域，其中南方地区多团结型村庄，北方地区多分裂型村庄，中部地区多分散的原子化村庄。从居住形态上看，华北和华南多聚居，长江流域多散居，但总体来说居住分散，人口密度低，流动性小，人口的职业结构比较简单，人口结构的同质性强。这种分散式为主的群居状态导致我国在农村安全风险管控上很难提出一个完全通用的政策或标准，在管理模式上也以分散性属地管控为主。

此外，我国农村农业经营方式长期处于小规模农业模式，乡村产业的主要生产经营模式也是以家庭经营为主，以种植业为主、以家庭副业为辅的经营内容长期不会发生变化，小农场、小加工厂、小作坊、家庭工作室、农家乐等生产形式较为普遍，作业场所、作业人员比较分散，很难制定统一的衡量风险的标准和操作规范，事故发生也具有偶然性和分散性。

4. 社会性　农村各类产业相关的设备设施和作业现场安全隐患是社会经济发展带来的普遍问题，其安全风险是农村发展各阶段面临的共同特征。

随着国家经济结构转型和治理体制转型，农村生产经营步入新的发展阶段，虽然部分青壮年也选择结束打工回归农村，返乡入乡创新创业人口比重不断增加，但农村中青年劳动力选择进入一二线甚至周边城市发展的仍旧是占绝大多数，大量留守的中老年人成为乡村产业中的主要劳动力支柱，从事农副业、手工业、机械加工、自建房建设、餐饮服务等多种多样的工作，留乡工作的青壮年劳动力的素质水平也普遍低于长期稳定在城市发展的同龄人。

由于生产模式的快速转变和年龄、知识等方面的限制，农村从业人员普遍缺乏安全意识和安全操作技能，乡镇产业聚集地区安全生产形势始终严峻。这种情况在改革开放初期就有所体现。东部沿海城市周边的大量村镇建设各类经济开发区，大批乡镇企业、个体、私营企业以及合资、外资企业如雨后春笋，这些管理区政府人员与企业领导、管理人员到一线作业人员基本都是由农民直接转变身份，缺乏安全生产的意识和知识，基本还是在实行农民小生产式的管理和监管。工厂企业没有严格的安全生产措施和规章制度，工人违反操作规程、厂房缺乏安全设备设施，部分基层政府部门重利益、轻安全，缺乏对企业有效的检查监督，合资、外资企业不遵守国家安全生产法律法规，导致安全问题极其严重，生产安全事故频发。例如，1991 年东莞市石排镇田边管理区盆岭村某个体户创办的兴业制衣厂发生特大火灾，造成 72 人死亡，47 人受伤，直接经济损失 300 万元。事故调查结果显示，该工厂重利益、轻安全，防火管理混乱，生产车间、仓库、工人宿舍在同一幢楼内，原料、成品、废料、易燃物品胡乱放置，全厂没有任何消防和防护设施。

近几年，在国家对农村电商的政策支持下，家庭农场、个体农户、手工作坊通过一二三产业融合发展，基本建立了比较完善的循环产业模式，但其中生产经营、人员居住、货物储存“三合一”的情况普遍存在，生产环节涉及农产品加工、机械加工、包装运输等多种模式，必然存在着大量安全风险。与此同时，劳动力结构变化、劳动组织形式多样、从业人员素质差异等情况在产业融合、发展、提升的过程中产生了新的安全风险，与农村陋习、历史累积、新农村建设先天不足等情况耦合，难以在自主管理中发现，甚至在部分基层检查中也无法被发现，在特定环境下必然导致生产安全事故的发生。

三、主要灾害类型分析

1. 火灾 近年来，我国农村火灾起数持续偏高，虽然农村火灾的直接损失相对于城市火灾来说较低，但由于抵御火灾的韧性远低于城镇居民，其导致的间接损失远高于城镇火灾。

从2012—2020年统计数据中能够看出（图2-3），年平均农村火灾数占年平均火灾总数的近1/3，消防安全形势严峻。2020年统计数据显示，我国农村火灾造成直接经济损失19.2亿元，占总损失的48.1%，比城镇高出12.2个百分点，火灾基数仍然较大；特别是农村地区共发生较大火灾39起，占总数的60%，比城镇高出近70%。并且，农村地区在火灾现场当场身亡的人员占总死亡人数的84.7%，比城镇高出7.3个百分点。

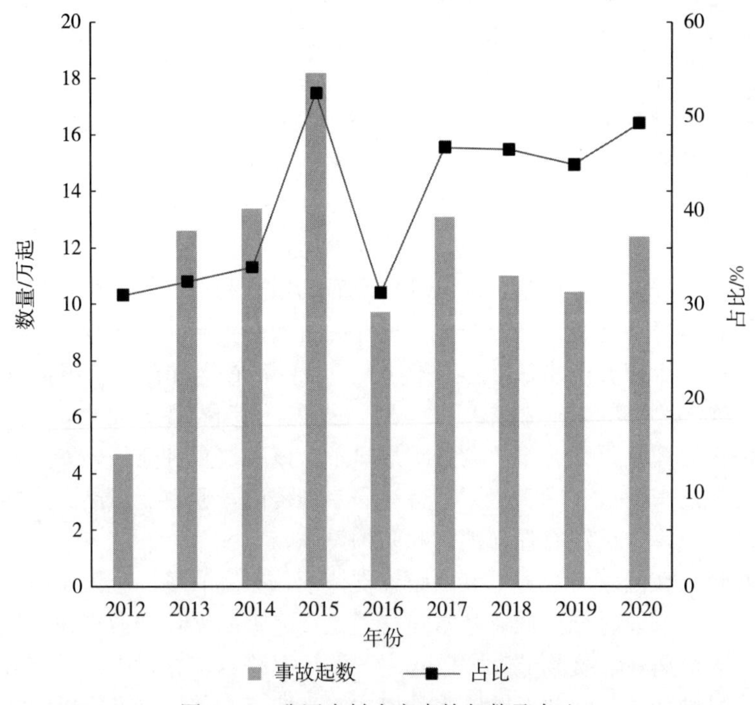

图2-3 我国农村火灾事故起数及占比

从火灾事故发生情况的统计中可以发现，我国全年农村火灾高发于冬春季节（1—5月及12月），起数占全年火灾总数的51%左右，春夏两季火灾数相对较少，冬春季节的火灾发生率比夏秋季节高出近1/4。从火灾每日情况来看，夜间（20时至次日凌晨6时）为农村火灾多发时段，多数火灾发现晚，造成较大的人员伤亡和经济损失。并且，自建房火灾（特别是经营性自建房火灾）也是乡村火灾发生的主要场所。2021年居住场所发生火灾25.9万起，造成1 460人遇难，其中自建房火灾15.6万起，造成848人遇难，分别占居住场所火灾总数的60.2%和总遇难人数的58.1%。经营性自建房则极易导致群死群伤，仅2022年2月，北京市昌平区、安徽省蒙城县接连发生2起经营性自建房火灾事故，造成10人死亡，失火建筑均为外来打工人员租用住房。

从火灾发生原因来看，电气设备火灾占到1/4，是农村火灾事故发生的主要原因。而农村居民逃生自救互救能力低、消防基础设施和救援力量相对薄弱，则直接导致了农村火灾现场伤亡率居高不下。此外，农村房屋在装饰装修中使用不规范的材料、经营场所和居住场所混用、违规设置员工宿舍等行为，也是导致火灾隐患普遍存在的主要原因。

特别是随着第三产业的发展，在乡村旅游景区周边等区域，生产、储存、经营与住宿合用的问题突出，住宿部分与其他部分未按规定采取必要的防火分隔措施，未设置必要的消防设施，发生火灾的可能性高，人员逃生困难，带来的间接经济损失也令人惋惜。例如，2020年10月1日，太原市小山沟村台骀山景区冰灯雪雕馆发生火灾，对景区后续经营造成极大影响；2021年2月，被称为“中国最后的原始部落”的云南翁丁村老寨突发火灾，部分珍贵的保护建筑损毁。

2. 道路交通　2012年起，我国根据《农业机械安全监督管理条例》和《农业机械事故处理办法》的要求，对拖拉机道路交通事故情况进行统计。随着农机监管走入正轨，在各方面的共同努力下，拖拉机道路交通事故数量和死亡人数持续下降（图2-4、图2-5）。

从全国拖拉机肇事造成交通事故的原因来看，无号牌拖拉机是发生交通事故的重灾区。2020年统计数据显示，64.3%的肇事拖拉机没有号牌，其中广西、吉林、湖北、安徽、黑龙江等5省份无号牌拖拉机肇事最为突出，占全国总数的53.9%；17.6%的拖拉机驾驶人没有驾驶证，其中吉林、广西、黑龙江、湖北、安徽、河南、新疆等7省份无证驾驶拖拉机肇事仍然突出，占全国总数的63.5%。除上述违法行为外，未按规定让行、违法会车、违法上路行驶等肇事比例较高，分别占事故总量的17.6%、5.2%和5.2%。

按道路交通事故发生范围统计，农村、山区公路仍是重特大交通事故的集中多发地。农村地区通行环境不良，公路安全防护设施不足，相对落后的道路

图 2-4　我国道路交通事故及拖拉机交通事故死亡人数

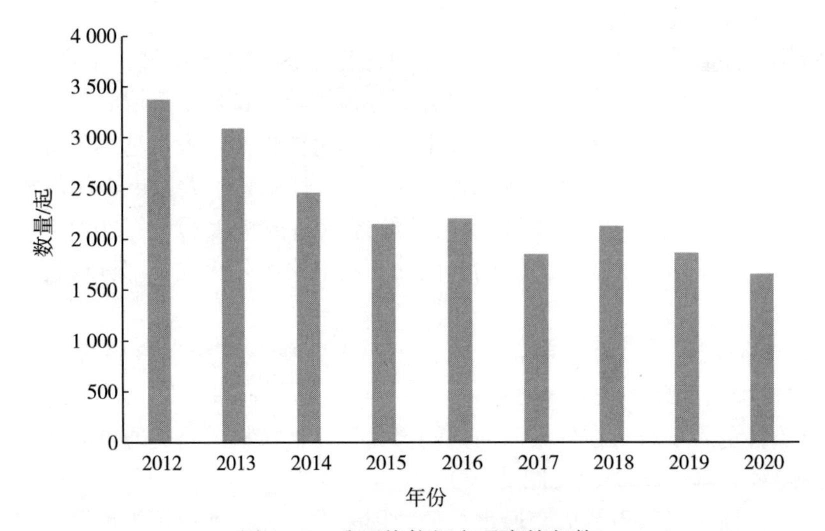

图 2-5　我国拖拉机交通事故起数

交通条件与日益增长的公共交通需求不匹配的情况十分明显。此外，农村群众交通安全意识较为淡薄，日常出行习惯乘坐低速货车、拖拉机、三轮车、“黑出租”等非法营运车辆，人员货物超限超载、摩托车电瓶车搭载儿童的情况屡见不鲜，存在诸多安全隐患。2015 年全国范围内农村、山区公路共发生 7 起重特大事故，占重大交通事故的 58.3%；2017 年常德市农村公路发生的交通事故起数、死亡人数分别占全市总量的 65.5%、63.5%；2020 年河南信阳“11·20”道路交通事故中一辆货车与送葬人群相撞，导致 9 人死亡，当时道路上有 26 人活动但未放置任何警示标志。

3. 农业机械　目前，我国农业生产安全事故主要根据《农业机械安全监督管理条例》和《农业机械事故处理办法》的要求，统计全国农机道路外事故情况。

我国各级农机主管部门及农机安全监理机构认真贯彻落实党中央、国务院及农业农村部关于安全生产工作的决策部署，大力推进农机安全监管“放管服”改革，深入开展“平安农机”创建活动，加大宣传教育、检查整治力度，农机安全生产总体形势平稳向好。值得注意的是，虽然全国农机事故死亡人数和直接经济损失同比均有所下降，但事故仍时有发生。

从统计数据中能够看出（图 2－6），我国农机安全生产情况总体呈现稳中向好的态势，我国道路外农机事故无论是事故起数还是事故死亡人数均有所下降。对 2021—2020 年我国道路外各类农机事故起数和死亡人数占比进行统计则能发现，拖拉机事故为道路外农机事故的主要事故类型，联合收割机则是导致事故发生的第二大机械（图 2－7）。

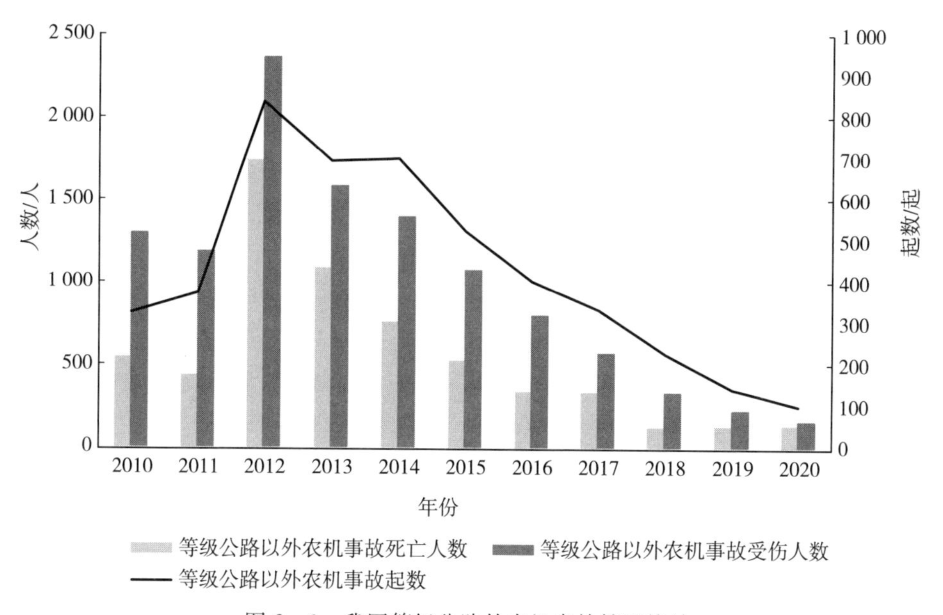

图 2－6　我国等级公路外农机事故情况统计

从事故原因上看，操作失误、无证驾驶、未年检和无牌行驶是引发农机事故的主要原因。其中，大部分事故发生不是由单方面原因导致的，涉及各类违规情况。2011—2020 年事故统计显示（图 2－8、图 2－9），因操作失误引发的事故数量最高，共发生 5 513 起，占事故总起数的 51.0%，死亡人数 1 032 人，

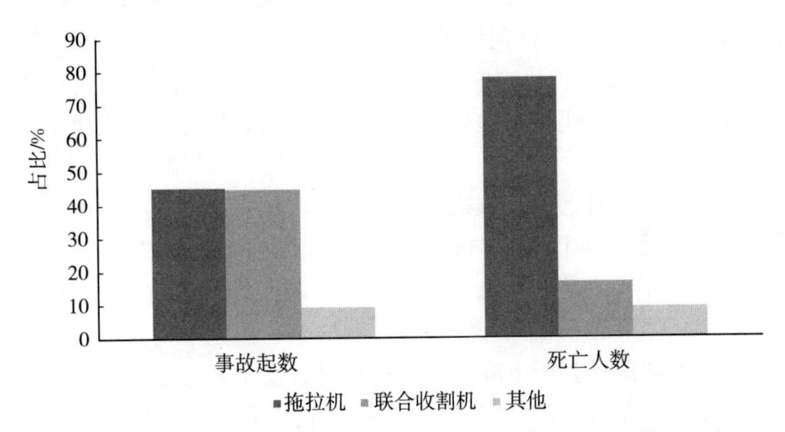

图 2-7　2011—2020 年我国道路外农机事故起数和死亡人数总量占比（按农机类型）

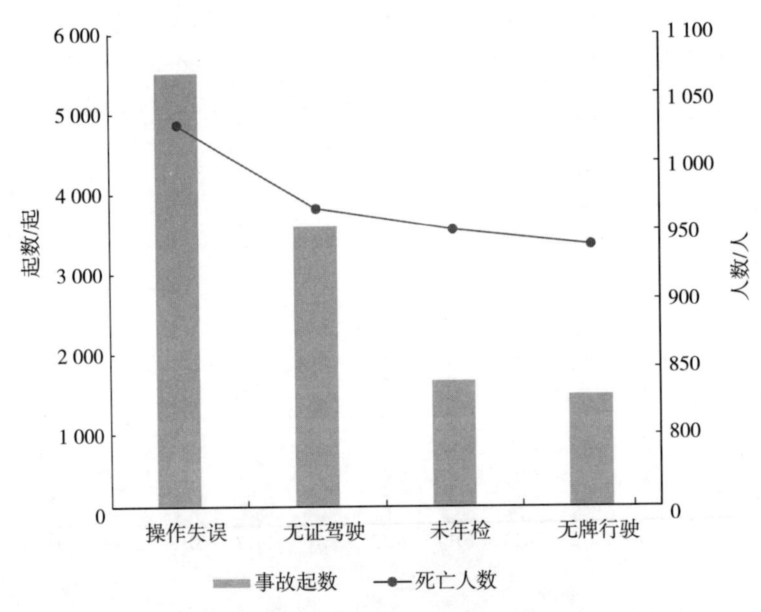

图 2-8　2011—2020 年我国道路外农机事故起数及死亡人数合计（按事故原因）

占总死亡人数的 46.7%；无证驾驶处于第二位，共发生事故 3 915 起，占事故总起数的 35.1%，事故死亡 969 人，占总死亡人数的 43.8%。

4. 自建房　随着农村经济快速发展，房屋建筑市场也日益繁荣。第三次农业普查结果显示，截至 2016 年末，我国农户住房主要为砖混和砖（石）木结构。住房为砖混结构的占 57.2%，砖（石）木结构的占 26.0%，钢筋混凝

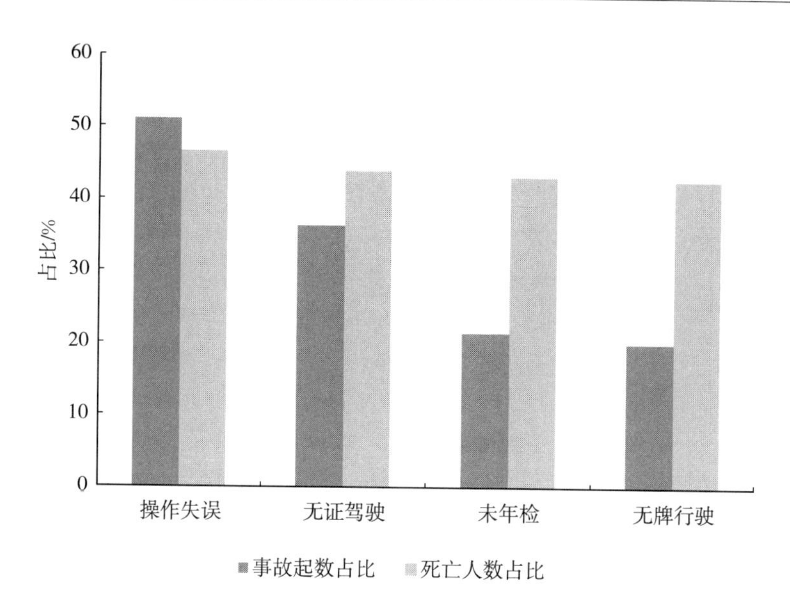

图 2-9　2011—2020 年我国道路外农机事故起数和死亡人数占比（按事故原因）

土结构的占 12.5%。

在农村建筑市场欣欣向荣的同时，自建房施工、危房改造、公共设施建设等过程中伤亡事故屡有发生。2010 年 10 月，重庆市云阳县农村民房的场坪工地发生岩体崩塌滑坡，导致坍塌事故，造成 4 死 2 伤。2013 年 5 月，河南省延津县农村发生施工民房坍塌事故，造成 7 死 21 伤。2018 年 6 月，湖北省黄冈市某农村自建房外墙粉刷施工时吊篮意外坠落，造成 3 人死亡。

由于分类统计口径不明确，我国目前没有对农村建筑事故进行单独统计，但从司法处置情况的简单统计能够看出，农村建筑施工伤亡情况依旧严峻（图 2-10）。2018 年各级人民法院涉及农村建房的一审裁判文书 4 829 份，其中约 10%涉及因施工伤亡事故提请人身损害赔偿、残疾赔偿、精神损失赔偿，有 233 份判决书中明确提出人身损害赔偿，主要集中在河南、湖南、浙江、江苏、江西等省份。

与此同时，农村自建房中存在着大量安全隐患。截至 2020 年，全国 2.23 亿户农村房屋中，有 220 多万户初判存在安全隐患，其中约 75%的房屋已完成安全性鉴定，鉴定为危房的一半以上；用作经营的近 860 万户农村自建房中，初判存在安全隐患的约 6 万户，已全部完成安全性鉴定，鉴定为危房 1.8 万户。相比其他地区，西部地区存在安全隐患的农村房屋数量最多（图 2-11），但就存在安全隐患的农村房屋占本地区农村房屋数量的比例来说，东北地区则占比最高（图 2-12），其主要原因是房屋受严寒地区墙体和

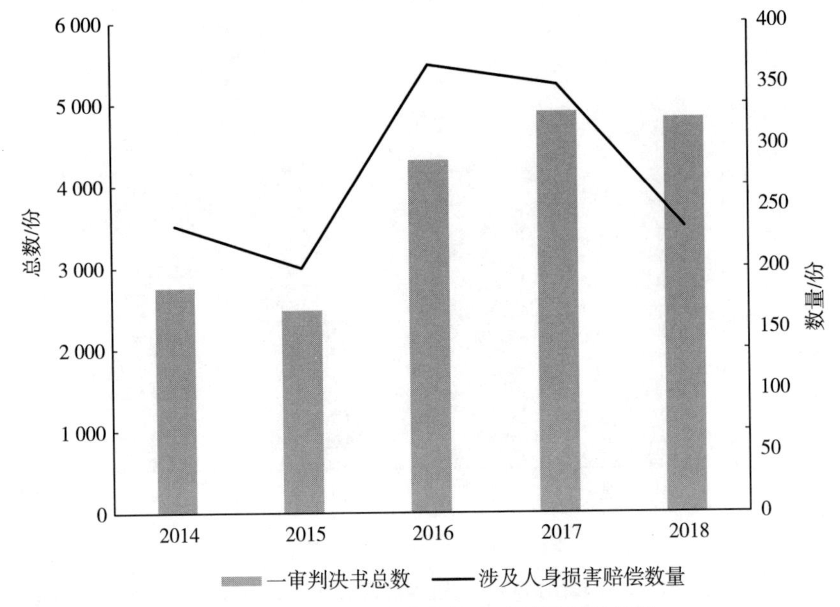

图 2-10　农村自建房事故司法处置情况统计

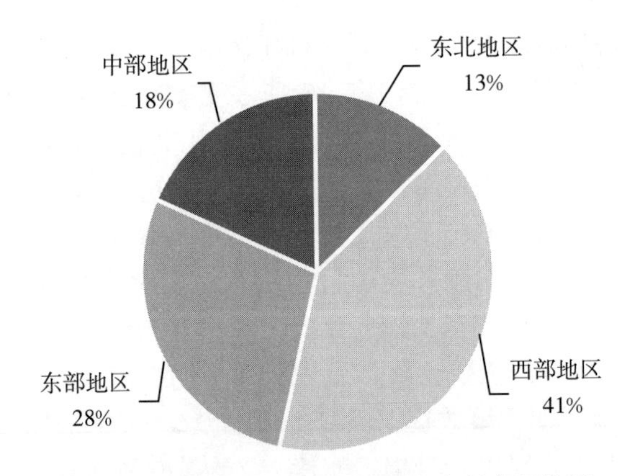

图 2-11　各地区存在安全隐患的农村房屋情况

地基冻融等影响，老化迅速。

从宏观层面来说，盘活闲置自建房资源用于经营既符合国家现行政策，也符合经济发展需要。根据现行相关法律法规来说，自建房除自住、自用以外，也可用于生产与经营。经营性自建房现存体量大、用途范围广，涉及的行业领域风险特征各异，其房屋隐患的存在也给各类事故提供了可乘之机。从应急管理部相关事故统计中能够看出，2019 年以来发生的死亡人数 10 人以上的 5 起房屋坍塌事故，均为经营性自建房，其经营用途主要是出租公寓、饭店、酒

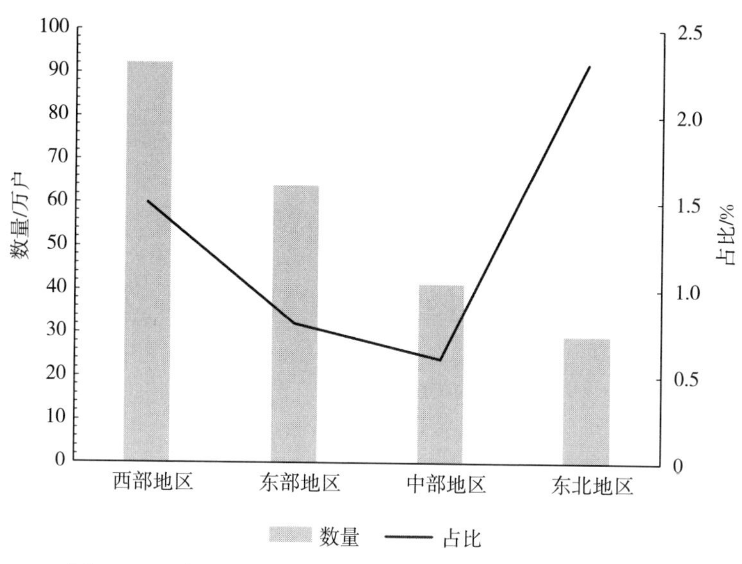

图 2-12　各地区存在安全隐患的农村房屋数量和占比情况

店，事故直接原因均为建筑承重砖墙（柱）本身承载力不足。例如，2020 年福建泉州欣佳酒店“3·7”坍塌事故和山西临汾聚仙饭店“8·29”坍塌事故中，建筑结构本身整体性差，经多次违规改扩建后，存在“小马拉大车”高负荷使用过程，主体结构遭到破坏而失稳垮塌。还有一部分事故诱因是施工过程中破坏承重结构，或者未采取维持墙体稳定措施而发生坍塌事故，如 2021 年江苏苏州“7·12”四季开源酒店辅房坍塌事故等。

5. 渔业船舶　渔业船舶生产安全事故是指渔业船舶在水上航行、作业过程中所发生的除自然灾害事故外的各类事故。

我国是一个渔业大国，海岸线长达 1.8 万余千米。2000 年以前，我国渔业生产长期处于传统生产模式，个体户养殖在渔业养殖中占有较大比重，海洋捕捞则多以小型机动渔船近海作业为主。根据农业部统计，1998 年末，我国共有机动渔船 47 万余艘，其中海洋机动渔船 28 万余艘，远洋渔船仅 1 100 艘。虽然海洋渔业生产能力相对薄弱，但作为一个渔业灾害严重的国家，安全形势也不容乐观，仅 1998 年全国就因各类事故导致渔船沉毁 1 000 余艘，渔民死亡失踪 793 人，重伤 440 人。

进入 21 世纪，我国农业部门组织各地区广泛开展低质量渔业船舶安全专项整治，进一步加大事故多发渔区渔船安全生产定点监管和整治力度，全国渔业船舶安全形势总体趋于稳定。特别是党的十八大以来，我国将渔业产业化发展作为渔业发展的重要部分，推进渔业转方式调结构和转型升级，树立海洋资源循环利用的观念，加大对科技设备的使用，不断培养专业型人才，远洋渔业产业规模进入世界前列。从渔船统计情况可以看出，随着机械化作业水平的提升，我国机动渔船占比逐步提高。2020 年，我国渔船总数近 57 万艘，总吨位超过 1 000 万吨。其中，机动渔船约占总数的 65%，吨位占总吨位的 97%；非机动渔船不到 19 万艘，吨位仅有 2.6%左右。机动渔船中，生产渔船 36 万余艘，总吨位约 870 万吨；辅助渔船 1.5 万艘左右，总吨位近 110 万吨。渔业生产技术的发展，特别是在现代化渔业船舶装备领域的技术升级，不仅促进了我国渔业经济效益显著提高，也对提高我国渔业船舶安全生产水平起到重要作用。

但是，由于仍旧存在的船舶老龄化严重、配套设备陈旧、安全技术设计落后、船型混杂等问题，与渔业生产中天气、海况、交通条件等影响因素叠加，导致事故发生时应急救援困难较大，人员死亡率较高。我国渔业船舶事故目前呈现波动下降趋势（图 2-13），安全生产形势依旧严峻。

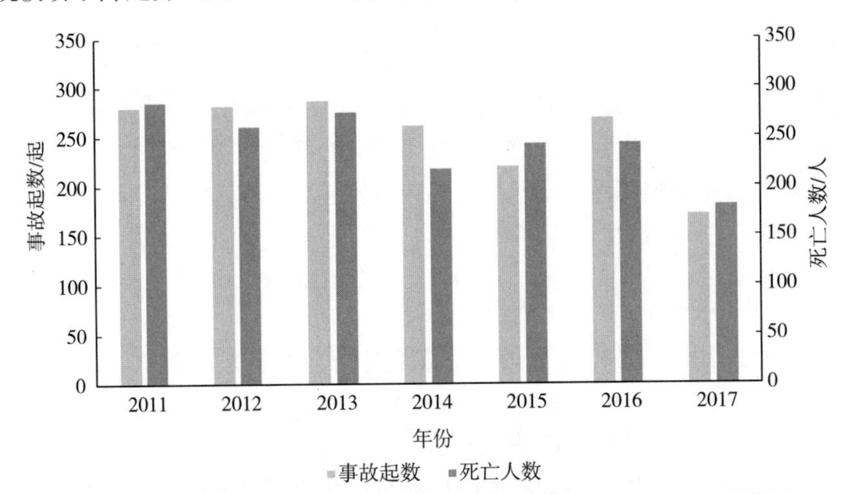

图 2-13　我国渔业船舶事故情况统计

6. 农药中毒　我国生产和使用的农药种类有上千种，2014 年以前，农药使用量随着农业产业发展和农药研发水平的提升持续增加，其中含有剧毒、高毒成分的甲胺磷、对硫磷、甲基对硫磷、久效磷等农药占到我国农药使用量的 70%左右，广泛使用的剧毒、高毒农药给农村地区的土壤、水体、空气及农副产品造成了严重的污染，农业从业人员也普遍面临着慢性中毒的危险。2015 年初，农业部组织实施到 2020 年农药使用量“零增长”行动计划，实现农药减量控害，高毒农药用量越来越少，低毒、中毒农药占有份额逐步增加，环境友好型农药比例越来越高，虽然农药使用总量逐年提升，但增长幅度逐年

降低（图 2-14）。

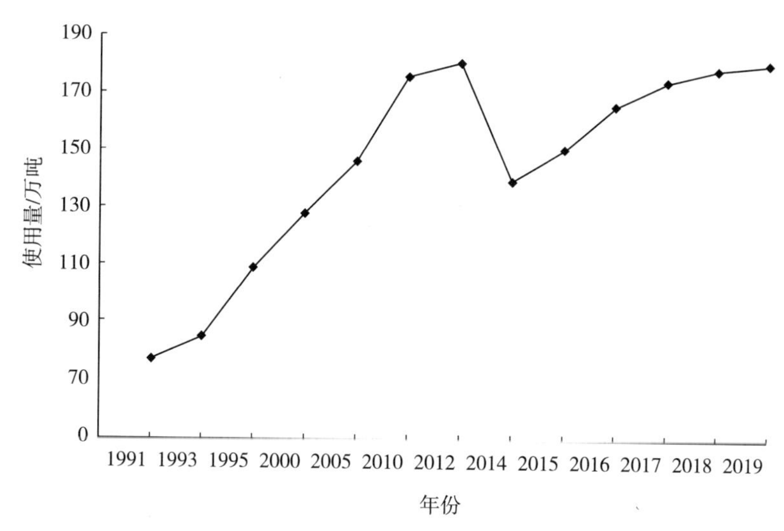

图 2-14 我国农药使用量统计

随着种植方式的变化和农药的大量使用，农作物药害、农药残留超标、环境污染和人畜中毒等事件时有发生。农业部对 15 个省份 37 个县的 1 632 户农户开展的农药使用现状调查结果显示，65%的农户在配药、喷药时不采取安全防护措施，52%的农户用药后随意扔掉空药瓶，34%的农户在床下、屋内随便摆放农药。

1995 年 8 月 22 日，江苏省安丰镇发生特大农药中毒事故，中毒人数达 1 380 人，死亡 3 人。经调查，事故主要原因是生产厂家误将高毒农药乙基对硫磷（农药 1605）作为中等毒性农药三唑磷销售，导致施药人员中毒。2011 年 7 月10 日，广西马山县加方乡发生一起农药中毒事故，导致 5 人中毒，其中 1 人死亡。德州市 2014 年 7 月上旬发生农药中毒事件 41 起，其中 2 人死亡。

7. 地质灾害 我国地形地貌地质条件复杂，东南、华南沿海地区极易遭受强台风袭击，降水在时间空间分布上极不均匀，高强度地震活动频繁，各类工程活动对地质环境影响增大，农村生产生活场所中广泛分布着大量地质灾害隐患。近几年，台风、强降雨等异常天气频繁出现，导致特大型地质灾害时有发生。

通过坚持避让与治理相结合、常规治理与应急治理相结合、监测预警与工程治理相结合，关注重点区域和重点地带，地质灾害防治工作不断推进、收效显著，但仍受到自然气象条件等多方面影响，灾害总量和直接经济损失总体呈现波动下降趋势（图 2-15）。

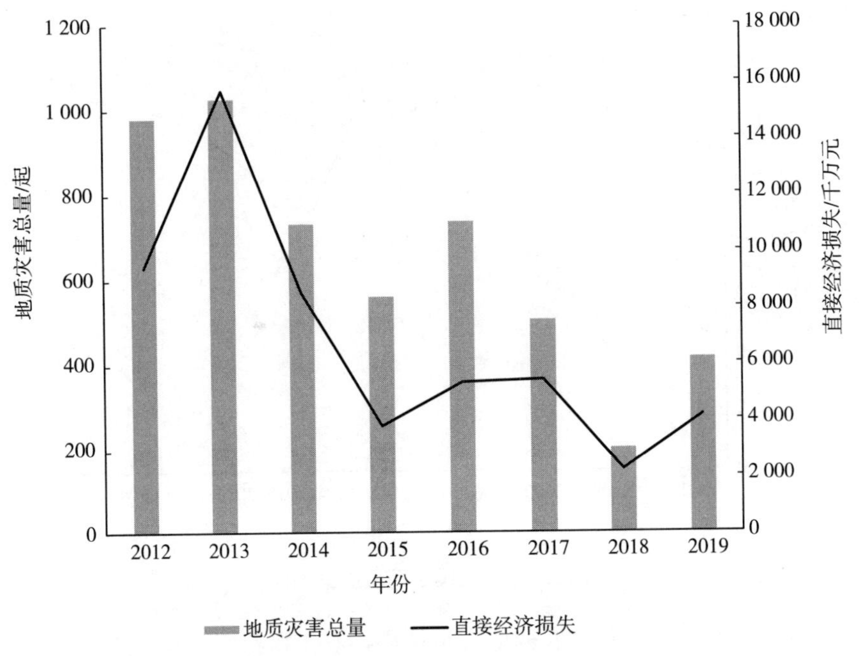

图 2-15　我国地质灾害总量和直接经济损失情况统计

8. 溺水　我国农村范围内的溺水事故频发，特别在夏季炎热时期，未成年人溺水事故更是易发、多发。

根据国家卫生健康委员会的统计（图 2-16），随着近几年宣贯和专项整治工作的不断推进，2011—2017 年（2013 年数据暂缺）农村居民溺水死亡率呈波动下降趋势，虽有一定好转，但仍处于严峻态势。同时，由于部分城镇居

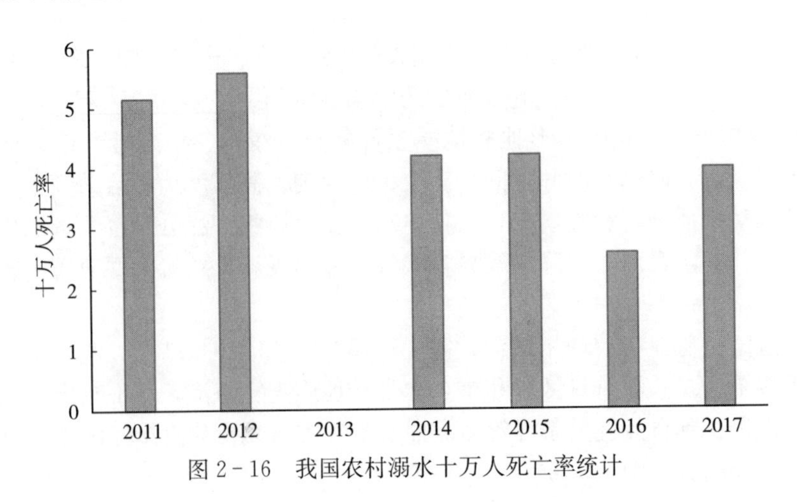

图 2-16　我国农村溺水十万人死亡率统计

民在农村游玩中发生的溺水事故纳入城镇居民溺水死亡率统计中，现有数据并不能充分体现出溺水在农村范围内的严重程度。

从死亡人数年龄结构来看，目前溺水已经成为未成年人伤亡的主要原因，平均每年未成年人溺水事故占未成年人伤亡事故的30%以上，死亡人数约占事故死亡总人数的15%，仅次于交通事故。

近几年，随着我国休闲渔业的发展，其溺水险情事故也逐渐引起重视。现阶段我国休闲渔业规模化经营单位较少，经营活动随意性大，过程中缺乏有效的安全管理，休闲渔船的安全性能不良、安全应急设备设施配备不达标、船长船员航行技术和应急能力不足。而且，部分从事休闲渔业的船艇停靠分散，并不停靠在规范的港口码头，相关监管部门无法掌握其进出行程，更无从查验证件和船艇情况，导致各类安全隐患长期叠加，最终引发事故。以正处于蓬勃发展的海钓活动为例，据交通运输部南海救助局北海救助基地统计，2018年基地救助海上险情中获救人员中60%为海钓爱好者，2019年获救人员中海钓爱好者占12%，2020年前4个月救援7起险情，其中3起涉及海钓，获救海钓爱好者占总获救人员的81%。2018年9月12日，一载运9名海钓人员的小型渔船从宁波象山某码头出发，海钓过程中发生自沉事故，7人获救，2人死亡，1人失踪。2019年7月3日，“普海休6330”艇在舟山海域海钓，穿越礁石群时被浪头打翻，3人落水，其中1人经抢救无效死亡。

部分参加休闲渔业活动的人员缺乏安全意识，驾驶人和参与人缺乏必要的航行知识技术，不了解船艇设计标准、未配备安全应急和通信设施、不关注天气变化、航行线路不在划定水域等情况屡见不鲜，也是导致溺亡事故发生的主要原因。例如，部分海钓人员追求雷雨风浪天气和不确定海域带来的特殊垂钓收益和新鲜刺激感，选择极端天气出海或不听从气象指引及时回航，在公海、航道、保护区、未开发海域等非规定区域进行海钓活动，以至于发生船艇失控、倾翻，导致人员溺亡或受伤。2017年6月3日，惠州某海域一游艇与一无名海钓小艇发生碰撞，造成海钓小艇驾驶员及4名乘客不同程度受伤，其中1人经抢救无效死亡，事故主要原因是两船驾驶员航行技术能力不足，夜航时均未能采取必要的可行手段保持有效瞭望，也未按《国际海上避碰规则》采取有效的避让措施。2020年4月21日下午，8名海钓者在气象部门已预警恶劣天气的情况下，仍冒险驾船出海，遭遇主机故障无法返回，最终由北海救助基地救援回岸。

9. 其他　近几年，农业农村安全生产水平有一定提高，但仍处于事故频发的状态，呈现事故原因多样化、一般事故较多、事故伤亡率高的特征。

2015年6月，福清市龙田镇厝场村一名村民在退潮夜间进入围垦区捕捞浅海海产品时溺水死亡。

2016 年 2 月，四川省资阳市安岳县思贤乡一名村民挖掘自家饮用水井时发生设备漏电，导致 4 人触电死亡。

2017 年 6 月，广西平果县新安镇汤那村一名村民在拆除自家储水池顶部模板时晕倒，随后赶来救援的 8 名村民陆续在池内晕倒，最终 9 人因沼气中毒死亡。

2020 年 10 月 7 日，四川省隆昌市一户农家乐约 90 米^2 单层瓦房的木质房梁断裂、屋顶局部垮塌，现场 26 人受伤。

2020 年 11 月 20 日，四川省泸州市纳溪区大渡口镇某景区内，参加拓展训练的某企业员工落水，3 人死亡，1 人受伤。

另外，通过近几年农村事故情况统计能够看出，乡村休闲旅游区已经成为事故高发地段，且事故发生的原因涉及各类风险因素，难以进行单一风险划分。大部分休闲农业依靠乡村现有自然环境，存在选址无评估、设计不专业、建筑不规范，以及经营管理失序等情况，导致事故发生。例如，有农户私自改建鱼塘、鱼池、山坪塘作为垂钓、划船、游泳等活动场所，导致溃塌或人员淹溺；部分钢结构大棚未进行荷载应力计算，超宽、超长搭建，在使用中发生倒塌或倾覆；民宿改造时随意改造电路，增加用电负荷，最终引发火灾；等等。

与此同时，乡村旅游范围广且远离城市，游客进出多通行于乡村道路。乡村道路以自然形成为主，弯道、坡道、岔道多，道路较窄，且村内道路基本没有规范的交通指示标志和安全标志，客流高峰期也无相关疏导协调，可能导致交通堵塞和交通事故。另外，村级道路普遍存在农机、机动车、人力车、行人混合同行的情况，一定程度上也增加了交通安全风险水平。

第三章　我国农村农业安全发展要求

一、我国农业农村发展的重要政策

1. 中华人民共和国成立初期农村农业改革政策　以毛泽东为核心的第一代党中央制定了正确的土地改革政策，进行了切合实际的农业社会主义改造，确立了农业在国民经济中的基础地位，强调了农民在社会主义建设中的地位和作用，并变革农村生产方式，引导农民走合作化道路。到1956年，我国农村社会已经完成了两次重大的变革，即我国农村社会的“两次革命”：一是消灭封建地主土地所有制的土地改革；二是1953年9月起开始实施包括农业社会主义改造在内的过渡时期的总路线，改造和消灭农村农业分散的个体经营方式，引导农民走社会主义集体经济的道路，实现农业生产的社会化。这两次革命是生产制度上的变革，生产力或者说生产工具还没有根本性的变化。因此，毛泽东从1953年8月开始逐渐酝酿提出农业现代化的奋斗目标，为我国“三农”问题的最终解决指明了正确的方向和道路。1954年9月，第一届全国人民代表大会第一次会议《政府工作报告》中首次提出了建设“现代化的农业”。

为改变农业生产的落后状况，我国建立了专业农具厂，并在第一、二个五年计划时期，新建和扩建了一批生产柴油机、脱粒机、联合收割机和机引农具的工厂。1964年召开的第三届全国人民代表大会第一次会议，正式提出了实现农业、工业、国防和科学技术四个现代化的战略目标。

2. 改革开放以来我国农村农业政策转变　进入改革开放新时期，党中央、国务院以农村为突破口，制定多项倾向性政策，顺应和主导了农村改革，在经济发展的过程中有力地促进了农村发展。十一届三中全会以后，以邓小平为核心的党中央肯定了在农村中兴起的“大包干”，将家庭联产承包责任制作为农村土地经营权变革的先导，同时废除了阻碍农村生产力发展的人民公社旧体制，极大地解放了农村生产力。1982年1月，中共中央批转《全国农村工作会议纪要》，肯定包产到户等各种生产责任制都是社会主义集体经济的生产责任制。1982—1986年，中共中央连续5年就农业和农村问题连续发布1号文件，对农村改革和农业发展作出具体部署，从此中央1号文件成为党中央国务院重视农村问题的专有名词。

随着改革开放的深入发展，邓小平提出了关于农业的“两个飞跃”思想，为进一步解决“三农”问题指明了方向：中国社会主义农业的改革和发展，从长远的观点看，要有“两个飞跃”。第一个飞跃，是废除人民公社，实行家庭联产承包为主的责任制。这是一个很大的前进，要长期坚持不变。第二个飞跃，是适应科学种田和生产社会化的需要，发展适度规模经营，发展集体经济。这是又一个很大的前进，当然是很长的过程。“两个飞跃”思想是中国社会主义农业现代化建设发展的战略选择，明确提出了中国农业发展的科学论断和规律性认识，为我国农业改革和发展提供了行之有效的顶层设计。

党的十四大以来，我国继续稳定和完善以家庭联产承包为基础、统分结合的双层经营体制，在农业基础地位上丰富和发展了邓小平的“两个飞跃”思想，高度重视农业、农村和农民问题。十四大报告中指出：“农业是国民经济的基础，必须坚持把加强农业放在首位，全面振兴农村经济。”面对农业市场化的大趋势，又提出走农业产业化经营的道路，优化农业布局，持续推动“科教兴农”战略，促进农业发展，实现农业现代化。1998年十五届三中全会通过的《中共中央关于农业和农村工作若干重大问题的决定》中指出：“农业、农村和农民问题是关系改革开放和现代化建设全局的重大问题。没有农村的稳定就没有全国的稳定，没有农民的小康就没有全国人民的小康，没有农业现代化就没有整个国民经济的现代化。稳住农村这个大头，就有了把握全局的主动权。”

3. 21世纪以来我国“三农”政策演变 2002年12月26日，中共中央政治局会议首次提出，要把农业、农村、农民问题作为全党工作的重中之重。党的十六大确定了全面建成小康社会的奋斗目标，其中一项重大任务就是建设现代农业、繁荣农村经济、增加农民收入。党的十六大以来，党中央、国务院以统筹城乡发展的大思路为中心，提出以工业反哺农业的战略。

2003年12月31日，《中共中央 国务院关于促进农民增加收入若干政策的意见》出台。自此以后，党中央、国务院将“三农”问题摆在了重中之重的位置。此后的中央1号文件对于加大农村投入力度都作出了翔实的规划，提出并不断改革完善“三项补贴”政策，不断推进农业和农村经济结构战略性调整，深化粮食流通体制、土地征用制度和农村金融体制改革，为构建社会主义新农村作出了政策指引。2006年2月21日，《中共中央 国务院关于推进社会主义新农村建设的若干意见》发布，其中明确提到建设社会主义新农村是中国现代化进程中的重大历史任务。农村人口多是中国的国情，只有发展好农村经济，建设好农民的家园，让农民过上富裕的生活，才能保障全体人民共享经济社会发展成果，才能不断扩大内需和促进国民经济持续发展。

2005 年 12 月 29 日，全国人民代表大会常务委员会通过表决，明确《中华人民共和国农业税条例》自 2006 年 1 月 1 日起废止。实施了近五十年的《中华人民共和国农业税条例》成为历史，延续了 2 600 余年的按地亩征税制度从此告退历史舞台，激发了广大农民农业生产的积极性和主动性。农业税的废止也标志着中国作为拥有几千年历史的传统农业大国，推动农业发展、调整一二三产业结构的政策取得阶段性成功，进入工业反哺农业的新发展时代。

2008 年 10 月，十七届三中全会通过了《中共中央关于推进农村改革发展若干重大问题的决定》，其中明确了中国已达到以工促农、以城带乡的发展阶段，进入着力破除城乡二元结构、形成城乡经济社会发展一体化新格局的重要时期。此后，党中央、国务院更加关注农业现代化发展、基本经营制度和经营主体，特别是随着 21 世纪以来我国经济社会和科技水平的快速提升，“科教兴农”战略进入更加关键和必要的时期，科技已经切实成为推动农村发展和农民增收的动力之源。2012 年 2 月发布的《中共中央 国务院关于加快推进农业科技创新持续增强农产品供给保障能力的若干意见》大力推进农业科技改革发展，突出强调了把推进农业科技创新作为“三农”工作的重点。在我国的农业发展历程中和科技发展进程中均为首次。

二、新时代农业农村和安全发展的重要论述

1. 关于新时代农村农业发展的重要论述　在社会主义建设的伟大实践中，在赋予“社会主义新农村建设”新的时代内涵的背景下，习近平总书记总结我国几十年来关于农村政策的演变过程及经验，着眼“两个一百年”发展目标，提出新时代关于“三农”的重要论述。其中，“三个必须”“三个不能”“三个坚定不移”最为系统和鲜明，居于总括性总要求的地位。

在 2013 年中央农村工作会议上，习近平总书记提出，中国要强，农业必须强；中国要美，农村必须美；中国要富，农民必须富。“三个必须”通过论述“三农”强、美、富与国家强、美、富之间的关系，指出“三农”问题是关系中国特色社会主义事业发展的根本性问题，是关系党巩固执政基础的全局性问题，这是对“三农”工作基础性地位的总把握。

2015 年 7 月，习近平总书记在吉林调研时指出，任何时候都不能忽视农

业，不能忘记农民，不能淡漠农村。“三个不能”从历史维度审视“三农”发展规律，表明了在任何时期、任何情况下都始终坚持强农惠农富农政策不减弱、推进农村全面建成小康社会不松劲的决心和态度，明确了党在经济上保障农民物质利益、在政治上尊重农民民主权利的宗旨使命。

2016 年 4 月，习近平总书记在安徽省凤阳县小岗村召开的农村改革座谈会上强调，要坚定不移深化农村改革，坚定不移加快农村发展，坚定不移维护农村和谐稳定。“三个坚定不移”从全局角度明确了“三农”工作重点，在关键时期释放了党中央高度重视“三农”工作的强烈信号，表明了坚定深化农村改革、加快农村发展、维护农村和谐稳定的政策目标，既是加快农村改革的响鼓重槌，也是推进“三农”发展的必由之路。同时，习近平总书记指出，农村改革发展离不开稳定的社会环境。稳定也是广大农民的切身利益。农村地域辽阔，农民居住分散，乡情千差万别，社会管理任务繁重。要推进平安乡镇、平安村庄建设，加强农村社会治安工作，推进县乡村三级综治中心建设，构建农村立体化社会治安防控体系，开展突出治安问题专项整治，对扰乱农村生产生活秩序、危害农民生命财产安全的犯罪活动要严厉打击，对邪教、外部势力干扰渗透活动要有效防范和打击。要深入开展法治宣传教育，引导广大农民增强守法用法意识，发挥好村规民约、村民民主协商、村民自我约束自我管理在乡村治理中的积极作用。

2017 年 10 月召开的党的十九大会议上，习近平总书记提出“实施乡村振兴战略”总体要求，明确农业农村农民问题是关系国计民生的根本性问题，必须始终把解决好“三农”问题作为全党工作重中之重；要坚持农业农村优先发展，按照产业兴旺、生态宜居、乡风文明、治理有效、生活富裕的总要求，建立健全城乡融合发展体制机制和政策体系，加快推进农业农村现代化。

2018 年 9 月 21 日，习近平总书记主持十九届中共中央政治局第八次集体学习时强调，坚持农业农村优先发展的总方针，就是要始终把解决好“三农”问题作为全党工作重中之重。我们一直强调，对“三农”要多予少取放活，但实际工作中“三农”工作“说起来重要、干起来次要、忙起来不要”的问题还比较突出。我们要扭转这种倾向，在资金投入、要素配置、公共服务、干部配备等方面采取有力举措，加快补齐农业农村发展短板，不断缩小城乡差距，让农业成为有奔头的产业，让农民成为有吸引力的职业，让农村成为安居乐业的家园。

2020 年 12 月 28 日，习近平总书记在中央农村工作会议上指出，从世界百年未有之大变局看，稳住农业基本盘、守好“三农”基础是应变局、开新局的“压舱石”。对我们这样一个拥有 14 亿人口的大国来说，“三农”向好，全局主动。习近平总书记强调，全党务必充分认识新发展阶段做好“三农”工作的重要性和紧迫性，坚持把解决好“三农”问题作为全党工作重中之重，举全党全社会之力推动乡村振兴，促进农业高质高效、乡村宜居宜业、农民富裕富足。

2. 关于安全发展的重要论述　当前，我国生产安全事故总量呈现逐年减少的趋势，但生产安全形势依旧严峻，重特大生产安全事故时有发生。党从维护经济社会发展大局、维护党的执政地位的高度，以对党对人民高度负责的精神，充分认识到搞好安全生产的极端重要性。党的十八大以来，习近平总书记站在党和国家发展全局的战略高度，对安全生产发表了一系列重要讲话，作出了一系列重要指示批示，深刻阐释始终把人的生命安全放在首位是践行党的宗旨、向党和人民负责的必然要求。

2013 年 6 月 3 日，吉林省德惠市宝源丰禽业有限公司发生爆炸事故，导致 120 人死亡，77 人重伤。同年 6 月 6 日，习近平总书记就做好安全生产工作专门作出重要指示，指出接连发生的重特大安全生产事故，造成重大人员伤亡和财产损失，必须引起高度重视。人命关天，发展决不能以牺牲人的生命为代价。这必须作为一条不可逾越的红线。

2013 年 11 月 22 日，青岛黄岛经济开发区东黄输油管线泄漏引发爆燃事故，导致 62 人死亡，136 人重伤，且社会影响极大。在听取事故情况汇报时，习近平总书记再次要求各级党委和政府、各级领导干部要牢牢树立安全发展理念，始终把人民群众生命安全放在第一位，牢固树立发展不能以牺牲人的生命为代价这个观念。同时，习近平总书记提出了关于必须建立健全最严格的安全生产责任体系的关键论述，一方面，强调“要把安全责任落实到岗位、落实到人头”；另一方面，指出“安全生产工作，不仅政府要抓，党委也要抓……党政一把手要亲力亲为、亲自动手抓”“健全党政同责、一岗双责、齐抓共管、失职追责的安全生产责任体系”“各级党委和政府要切实承担起‘促一方发展，保一方平安’的政治责任”。此外，在企业主体责任方面，提到“所有企业都必须认真履行安全生产主体责任，做到安全投入到位、安全培训到位、基础管理到位、应急救援到位，确保安全生产”。

2015 年 5 月 29 日，在中共中央政治局第二十三次集体学习会议上习近平总书记再次强调“红线意识”，要求确保安全生产作为发展的一条红线，发展不能以牺牲人的生命为代价。

2016 年 1 月 6 日，习近平总书记在中共中央政治局常务委员会会议上发表重要讲话，剖析了重特大突发事件发生必然存在的主体责任不落实、隐患排查治理不彻底、法规标准不健全、安全监管执法不严格、监管体制机制不完善、安全基础薄弱、应急救援能力不强等七个问题，总结了狠抓责任制落实、深化改革创新、强化依法治理、坚决遏制重特大事故频发势头、加强基础建设等安全生产工作的五方面要点。

2016 年 7 月 20 日，习近平总书记在中共中央政治局常务委员会会议上发表重要讲话，对加强安全生产和汛期安全防范工作作出重要指示，提出了"把重大风险隐患当成事故来对待"的重要论述。

2017 年 10 月 18 日，习近平总书记在十九大报告中指出，要树立安全发展理念，弘扬生命至上、安全第一的思想，健全公共安全体系，完善安全生产责任制，坚决遏制重特大安全事故，提升防灾减灾救灾能力。

2019 年 11 月 29 日，中共中央政治局第十九次集体学习会议上，习近平总书记指出了安全生产的内在规律，提出要健全风险防范化解机制，坚持从源头上防范化解重大安全风险，真正把问题解决在萌芽之时、成灾之前。

2021 年 1 月 11 日，习近平总书记在省部级主要领导干部学习贯彻党的十九届五中全会精神专题研讨班上的讲话，再次强调要统筹发展和安全，善于预见和预判各种风险挑战，做好应对各种"黑天鹅""灰犀牛"事件的预案，不断增强发展的安全性。

三、我国对农业农村安全治理与应急管理的要求

1.《中华人民共和国国民经济和社会发展第十三个五年规划纲要》 2016 年，第十二届全国人民代表大会第四次会议通过的《中华人民共和国国民经济和社会发展第十三个五年规划纲要》对推进农业农村现代化提出了总体要求。

在构建现代农业经营体系方面，提出应当健全农业社会化服务体系，建立多种类型的新型农业服务主体，开展专业化、规模化、多样性的第三方服务。从农业发展方面，要求加快推进农业机械化，加强农业与信息技术融合，发展智慧农业，提高农业生产力水平。在农村建设方面，提出"加快建设美丽宜居乡村"，全面改善农村生产生活条件，加快农村电网、宽带、公路、危房、饮水、照明、环卫、消防等设施改造。在推进社会化服务方面，强调要实施农业社会化服务支撑工程，培育壮大经营性服务组织，支持科研机构、行业协会、龙头企业和具有资质的经营性服务组织从事农业公益性服务，支持多种类型的新型农业服务主体开展专业化、规模化服务。

2.《中共中央 国务院关于实施乡村振兴战略的意见》 2018 年 1 月，《中共中央 国务院关于实施乡村振兴战略的意见》明确提出，开展农村安全治理，

提高农村安全水平。

文件指出，当前我国发展不平衡不充分问题在乡村最为突出，其中对五方面明显表现的描述中提到，“农村基础设施和民生领域欠账较多，农村环境和生态问题比较突出，乡村发展整体水平亟待提升”“农村基层党建存在薄弱环节，乡村治理体系和治理能力亟待强化”。因此，中共中央、国务院从“繁荣兴盛农村文化，焕发乡风文明新气象”“加强农村基层基础工作，构建乡村治理新体系”“强化乡村振兴人才支撑”等方面谋划布局，通过开展移风易俗行动，提升农村居民科学文化素养；加强农村基层治理能力与治理现代化，深化村民自治实践；培育高素质农民，加强农村专业技术人才队伍建设等。特别是在法治建设方面，进一步创新农村监管方式，强调基层综合行政执法改革，推动执法队伍整合、执法力量下沉，切实提高执法能力和水平。以此为基础，文件在“建设平安乡村”部分中指出，要健全农村公共安全体系，持续开展农村安全隐患治理；加强农村警务、消防、安全生产工作，坚决遏制重特大安全事故。

3.《国家乡村振兴战略规划（2018—2022年）**》** 2018年，中共中央、国务院印发了《乡村振兴战略规划（2018—2022年）》，围绕农业农村现代化的总目标，坚持农业农村优先发展，设定了三个阶段，明确重点任务，提出了3项约束性、19项预期性共计22项指标，并首次建立了乡村振兴指标体系。规划以抓重点、补短板、强弱项为原则，从乡村产业、人才、文化、生态、组织等方面提出加快农业现代化步伐、发展壮大乡村产业、建设生态宜居的美丽乡村、繁荣发展乡村文化、健全现代乡村治理体系、保障和改善农村民生等多项内容。其中，针对“平安乡村”建设，规划中明确提出了“健全农村公共安全体系，持续开展农村安全隐患治理”和“加强农村警务、消防、安全生产工作，坚决遏制重特大安全事故”的要求。

4.《中共中央 国务院关于坚持农业农村优先发展做好“三农”工作的若干意见》 2019年2月19日，《中共中央 国务院关于坚持农业农村优先发展做好“三农”工作的若干意见》指出，需要保证深化农业供给侧结构性改革、坚决打赢脱贫攻坚战、全面推进乡村振兴过程中农业农村的安全绩效，提高应急管理能力，在安全的前提下促进“三农”发展。

具体工作部署上，提出实施村庄基础设施建设工程、持续推进平安乡村建设等方面要求，并指出深化拓展网格化服务管理，整合配优基层一线平安建设力量，把更多资源、服务、管理放到农村社区；加强乡村交通、消防、公共卫生、食品药品安全、地质灾害等公共安全事件易发领域隐患排查和专项治理。

5.《农业生产安全保障体系建设规划（2016—2020年）**》** 2016年12月，

农业部按照“提升风险防控能力”的工作部署，制定了《农业生产安全保障体系建设规划（2016—2020年）》，全面促进农业生产安全技术能力提升，切实降低各类农业安全事故。

具体规划中，农业部从农业生产安全保障体系建设框架入手，在植物保护能力提升工程、动物保护能力提升工程、草原灾害防控能力提升工程、农机安全保障提升工程、区域性渔船避灾设施工程、耕地质量调查监测体系工程、农业生态环境监测能力提升工程、农业公共服务管理信息平台等方面提出建设要求，以适应新形势新变化，有效控制和减少农业生产事故，预防和遏制较大生产安全灾害事故发生。

6. 2018年全国安全生产工作会议 2018年1月召开的全国安全生产工作会议，明确提出农业农村安全治理和应急管理的根本要求和重点工作。

会议强调，我国在农村农业安全治理和应急管理过程中要进一步强化监管和治理并行的模式，一方面，积极推动安全监管力量向农业农村延伸，配合相关部门加强农村建筑施工、道路交通、消防、煤改气等生产经营建设活动安全监管，深化“平安渔业”“平安农机”活动；另一方面，要加大农村安全生产基础设施投入，逐步提高农村道路建设安全标准等级，实施农民安全素质提升工程，为乡村振兴战略提供有力支持。

在此之后，每年全国安全生产工作会议上均针对农村农业生产安全监管和应急管理工作作出相应部署，要求在关注农村道路交通、农业机械、渔业船舶等传统问题的基础上，关注用作经营的农村自建房、货车农用车载人等热点问题，从政策制定、基础建设、能力提升、监管延伸等方面进行研判，强化农村农业安全风险管控和隐患排查治理工作，从根本上防止事故发生。

7.《全国乡村产业发展规划（2020—2025年）》 2020年7月9日，为深入贯彻党中央、国务院决策部署，加快发展乡村产业，依据《国务院关于促进乡村产业振兴的指导意见》，农业农村部编制了《全国乡村产业发展规划（2020—2025年）》，总结乡村产业发展的阶段性成果，提出要发掘乡村功能价值，强化创新引领，突出集群成链，培育发展新动能，聚集资源要素，加快发展乡村产业，为农业农村现代化和乡村全面振兴奠定坚实基础。

规划中，针对乡村休闲旅游的高质量发展，特别提出要规范化管理、标准化服务，健全标准体系、完善配套设置、规范管理服务，让消费者玩得开心、吃得放心、买得舒心。

8.《中华人民共和国国民经济和社会发展第十四个五年规划纲要和2035年远景目标纲要》 2021年第十三届全国人民代表大会第四次会议通过的《中华人民共和国国民经济和社会发展第十四个五年规划纲要和2035年远景目标

纲要》提出，坚持农业农村优先发展、全面推进乡村振兴，坚持把解决好“三农”问题作为全党工作重中之重，加快农业农村现代化。

针对农业农村治理，提出要“实施乡村建设行动”，把乡村建设摆在社会主义现代化建设的重要位置，完善乡村水、电、路、气、通信、广播电视、物流等基础设施，提升农房建设质量，改善农村人居环境。提高农民科技文化素质，推动乡村人才振兴。在提高农业竞争力方面，提出推动一二三产业融合发展，丰富乡村经济业态等要求。

9.《中共中央 国务院关于做好2022年全面推进乡村振兴重点工作的意见》 2022年2月，《中共中央 国务院关于做好2022年全面推进乡村振兴重点工作的意见》发布。这是21世纪以来第19个指导“三农”工作的中央1号文件。文件指出，要坚持和加强党对“三农”工作的全面领导，牢牢守住保障国家粮食安全和不发生规模性返贫两条底线，突出年度性任务、针对性举措、实效性导向，充分发挥农村基层党组织领导作用，扎实有序做好乡村发展、乡村建设、乡村治理重点工作，推动乡村振兴取得新进展、农业农村现代化迈出新步伐。

针对农村农业安全治理和应急管理工作，一方面，关注农机水平提升，提出加强农业防灾减灾救灾能力建设和投入力度，从根本上提升农业作业安全。另一方面，着重提出“扎实开展重点领域农村基础设施建设”，要求加强农村道路交通和农房安全；强调统筹推进应急管理与乡村治理资源整合，开展风险隐患排查和专项治理。

文件提出“实施农村公路安全生命防护工程和危桥改造”“加强对用作经营的农村自建房安全隐患整治”和“安全生产风险隐患排查和专项治理”等明确要求，结合现代农业、数字乡村、人才队伍建设等方面的间接促进，标志着我国在乡村振兴战略中仍旧将“人民至上、生命至上”作为基本原则，持续推动农村农业安全治理精准化、专业化，以更加坚决有力的方式提高农村农业安全水平，保证农民“富起来”的同时健康平安。

第四章　我国农村农业安全治理经验

一、相关法律法规标准

1. 法律法规

（1）《安全生产法》。2002 年制定、2021 年第三次修正的《安全生产法》作为我国安全生产领域的基本法，提出各行业安全生产工作的基本要求。在强化安全生产工作地位的基础上，进一步落实生产经营单位主体责任、政府安全监管定位，提出加强基层执法力量、强化安全生产责任追究等工作要点。

《安全生产法》规定的适用对象是“从事生产经营活动的单位”，因此，我国农业农村生产经营中农垦系统、渔业集团、大型商业化养殖场、休闲农业旅游企业等生产经营单位受到《安全生产法》的约束，而家庭农户、个人务农人员等则不适用于该法。特别的，依据第三条“管行业必须管安全、管业务必须管安全、管生产经营必须管安全”的要求，从事农产品初加工的村镇企业也属于被本法规范的范畴。

另外，2021 年修正的《安全生产法》第四条第二款规定“平台经济等新兴行业、领域的生产经营单位应当根据本行业、领域的特点，建立健全并落实全员安全生产责任制，加强从业人员安全生产教育和培训，履行本法和其他法律、法规规定的有关安全生产义务”；第十条第二款中提到“……对新兴行业、领域的安全生产监督管理职责不明确的，由县级以上地方各级人民政府按照业务相近的原则确定监督管理部门”。也就是说，农村一二三产业融合政策下产生的新兴行业领域生产经营单位及各级政府和相关部门，应当遵循《安全生产法》的要求，防控安全风险，消除事故隐患，保障生产经营过程的安全可控，防止发生生产安全事故。

（2）《农业法》。作为农业农村方面的基本法，1993 年制定、2013 年第二次修订的《农业法》规定了农业生产经营体制、农业生产、农产品流通与加工、粮食安全、农业投入与支持保护、农业科技教育、农业资源与农业环境保护、农民权益保护、农村经济发展、执法监督和法律责任等相关内容。

《农业法》提出深化农村改革，发展农业生产力，推进农业现代化，维护农民和农业生产经营组织的合法权益。重视农村和农业的安全生产，既是现阶段新农村建设和农业生产经营健康发展的要求，也是国家实施城乡统筹协调发展的需要。因此，第二十条第一款明确规定“国家鼓励和支持农民和农业生产经营组织使用先进、适用的农业机械，加强农业机械安全管理，提高农业机械化水平”，在第二十五条中也规定了农药、兽药、饲料和饲料添加剂、肥料、种子、农业机械等可能危害人畜安全的农业生产资料需要获得生产经营许可，应当建立健全农业生产资料的安全使用制度。

(3)《建筑法》。规范了我国建设工程项目有关建筑许可、建筑工程发包与承包、建筑工程监理、建筑安全生产管理、建筑工程质量管理等方面的内容，但第八十三条中明确规定，农民自建低层住宅的建筑活动，不适用本法。

根据《住宅设计规范》(GB 50096—2011) 的规定，住宅为供家庭居住使用的建筑。按层数划分，低层住宅为1～3层。因此，农民自建1～3层住宅的过程，不适用于《建筑法》相关条款的规范。

由此可知，农村范围内非住宅类建筑以及4层及以上的住宅，均受到《建筑法》的规范，组织建设的业主（农户）或建设单位应当按要求开展建设工作，并接受住建部门的监管。

(4)《消防法》。为了预防火灾和减少火灾危害，加强应急救援工作，保护人身、财产安全，维护公共安全，我国1998年制定并颁布了《消防法》，2021年进行了第二次修正，系统性规范了城乡火灾预防、灭火救援、监督检查等工作。

《消防法》明确提出，村民委员会、居民委员会应当协助人民政府以及公安机关等部门，加强消防宣传教育；第三十条至第三十二条从建立落实责任制、加强特殊时期防火工作、建立群众性的消防工作等方面，提出了农村消防工作的总体要求；第四十一条则要求村民委员会组织开展群众性自防自救工作。

(5)《农业生产安全事故报告办法》。为进一步规范农业生产安全事故报告工作，及时准确掌握农业生产安全事故发生和应急处置情况，切实加强对农业安全生产工作的指导，农业部依据《生产安全事故报告和调查处理条例》的要求，于2007年制定了《农业安全生产事故报告办法》，2009年进行了修订。

《农业安全生产事故报告办法》中，明确规定了属于农业安全生产事故的类型，包括：①农业机械事故；②渔业船舶水上生产安全事故；③农药使用安全事故；④火灾（包括草原火灾）事故；⑤实验室安全事故；⑥直属垦区生产安全事故。

（6）农业机械相关法律法规。2004年6月通过、2004年11月施行、2018年10月修正的《农业机械化促进法》是我国颁布的首部专门关于农业机械化的法律，标志着我国农业机械化进入依法促进的新阶段。《农业机械化促进法》从科研开发、质量保障、推广使用、社会化服务、扶持措施、法律责任等方面提出鼓励、扶持农民和农业生产经营组织使用先进适用农业机械的规范要求。其中第十一条、第十三条、第二十条、第三十一条等对农机设计安全、政府监管与宣传教育、驾驶操作人员违规操作处罚等方面进行了具体规范。

为了进一步加强农业机械安全监督管理，预防和减少农业机械事故，保障人民生命和财产安全，国务院2009年颁布了《农业机械安全监督管理条例》，规定从事农业机械的生产、销售、维修、使用操作以及安全监督管理等活动，应当遵守该条例。《农业机械安全监督管理条例》中对危及人身财产安全的农业机械进行了范围划定，即对人身财产安全可能造成损害的农业机械，包括拖拉机、联合收割机、机动植保机械、机动脱粒机、饲料粉碎机、插秧机、铡草机等。同时，也规定了由国务院农业机械化主管部门、工业主管部门、质量监督部门和工商行政管理部门等有关部门负责农业机械质量安全监督管理工作。

拖拉机和联合收割机涉及上道路行驶问题，因此，《道路交通安全法》第一百二十一条规定，对上道路行驶的拖拉机，由农业（农业机械）主管部门行使第八条、第九条、第十三条、第十九条、第二十三条规定的公安机关交通管理部门的管理职权。农业（农业机械）主管部门按照《道路交通安全法》行使职权时，应当遵守其中相关规定，并接受公安机关交通管理部门的监督，对违反规定的，依照该法的规定追究法律责任。根据《道路交通安全法》和《农业机械安全监督管理条例》规定，拖拉机和联合收割机是发生事故较多的农业机械，投入使用前应当进行安全技术检验并取得牌证，确保安全技术状态符合要求，操作人员应取得相应的驾驶证方可驾驶。在《道路交通安全法》施行前由农业（农业机械）主管部门发放的机动车牌证，在该法施行后继续有效。

此外，农业部还配套制定了《农业机械产品修理、更换、退货责任规定》《拖拉机登记规定》《拖拉机驾驶证申领和使用规定》《联合收割机及驾驶人安全监理规定》《联合收割机跨区作业管理办法》《农业机械维修管理规定》《农机成人教育暂行规定》等部门规章，对农业机械安全进行系统化规范。

（7）农药相关法律法规。对于农药管理，我国出台了《中华人民共和国农药管理条例》，规定国务院农业行政主管部门负责全国的农药登记和农药监督管理工作。省、自治区、直辖市人民政府农业行政主管部门协助国务院农业行政主管部门做好本行政区域内的农药登记，并负责本行政区域内的农药监督管理工作。县级人民政府和设区的市、自治州人民政府的农业行政主管部门负责本行政区域内的农药监管工作。

按照要求，农业部配套发布了《农药管理条例实施办法》《农药安全使用规定》《农药标签和说明书管理办法》《农药限制使用管理规定》《农药使用安全事故应急预案》等相关部门规章，提高农药使用的规范性、安全性，避免出现农药中毒事故。

(8) 渔业船舶相关法律法规。我国对于渔业船舶的管理主要基于《渔业法》《海上交通安全法》《渔业法实施细则》等相关法律法规。

在渔业船舶安全方面，我国实施的《船舶和海上设施检验条例》第三十条规定，除从事国际航行的渔业辅助船舶依照本条例进行检验外，其他渔业船舶的检验，由国务院渔业主管部门另行规定。基于此，农业部制定《渔业船舶监督检验管理规定》，对渔业船舶检测检验工作进行规范。

2012年，农业部发布《渔业船舶水上安全事故报告和调查处理规定》，明确规定船舶、设施在我国渔港水域内发生的水上安全事故、在我国渔港水域外从事渔业活动的渔业船舶以及渔业船舶之间发生的水上安全事故，应当按照本规定进行事故报告和调查处理。并且，规范了事故等级、事故报告和调查处理程序及要求。

(9) 自建房相关法律法规。目前我国农村工程建设管理法律法规主要有《土地管理法》《城乡规划法》《建筑法》《村庄和集镇规划建设管理条例》等。这些法律法规对农村工程建设项目用地、规划、建设等方面提出管理要求。此外，《民法典》《不动产登记暂行条例》对宅基地、农村住宅使用权和所有权登记作出了规定。但从总体来说，国家层面农村工程建设项目管理的要求较为碎片化，没有从建设用地、规划、设计、施工、使用、改扩建和变更用途等方面作出完整系统的规定，且法律法规之间也存在不衔接的问题。

2016年12月，住房和城乡建设部下发《关于切实加强农房建设质量安全管理的通知》，将农房建设质量安全管理作为加强基层社会治理的重要内容，落实行业、属地、人员的管理责任，全面推动农房建设实行“五个基本”(有基本的建设规划管控要求、基本的房屋结构设计、基本合格的建筑工匠、基本的技术指导和管理队伍、基本的竣工检查验收)，提高农房建设管理能力和水平。

2017年2月，住房和城乡建设部发布的《关于加强农村危房改造质量安全管理工作的通知》中再次提出明确的安全要求，将保障贫困户住房安全作为农村危房改造首要任务，改造后的房屋应抗震构造措施齐全、具备卫生厕所等基本设施；未经培训的建筑工匠不得承揽农村危房改造。

2. 相关标准 目前，我国已制定发布农业相关国家标准和行业标准 8 000 余项，推动制定地方标准和技术规范 18 000 多项，以农产品质量安全和农业标准化为主，涉及产品设计、制造、运行、操作等方面。其中以生产安全技术和管理为主题编制的标准不多，缺乏完整体系。

目前，涉及农业安全的国家标准主要为农业机械技术标准，以及部分涉及农药方面的标准，例如：《农业机械运行安全技术条件 第 1 部分：拖拉机》(GB 16151.1—2008)、《农业轮式和履带拖拉机安全要求》(GB 18447.1—2001)、《农林拖拉机和机械、草坪和园艺动力机械 安全标志和危险图形 总则》(GB 10396—2006)、《农业和林业拖拉机燃油箱 安全要求》(GB 24387—2009)、《铡草机 安全技术要求》(GB 7681—2008)、《棉花加工机械安全要求》(GB 18399—2001)、《农林机械 安全 总则》(GB 10395.1—2009)、《粮食干燥系统安全操作规范》(GB/T 30466—2013)、《鱼糜加工机械安全卫生技术条件》(GB/T 21291—2007)。

二、安全治理与应急管理机制

按照“管行业必须管安全、管业务必须管安全、管生产经营必须管安全”的原则，我国根据农业农村相关工作内容，依法梳理农业农村、应急管理、交通运输、住建、水利、旅游等部门在安全治理和应急管理方面的监管职责，通过对具体工作的积极部署和分工落实，建立“党政同责、一岗双责、齐抓共管、失职追责”的工作制度，建立全层级监管责任体系。

1. 相关政府部门

（1）农业农村部。是农业农村工作的主管部门，主要负责贯彻落实党中央关于“三农”工作的方针政策和决策部署，根据“三定方案”，其主要职能包括：组织起草农业农村有关法律法规草案，制定部门规章，指导农业综合执法；统筹推动发展农村社会事业、农村公共服务、农村文化、农村基础设施和乡村治理；指导乡村特色产业、农产品加工业、休闲农业和乡镇企业发展工作；负责种植业、畜牧业、渔业、农垦、农业机械化等农业各产业的监督管理；负责农业防灾减灾、农作物重大病虫害防治工作。

其中，办公厅负责牵头指导协调部系统和农业行业安全生产工作。农业机械化管理司负责起草农业机械化发展政策和规划、农机作业规范和技术标准；指导农业机械化技术推广应用，组织农机安全监理；组织对在用的特定种类农业机械产品进行调查；指导农机作业安全。

（2）应急管理部。职能是对全国安全生产工作进行综合监管，因此对于农业安全生产（主要是构成生产经营单位的部分）和应急救援工作承担相应的职责。同时，作为自然灾害应急管理职能部门，对农村范围内及自然灾害救援工作负有相应职责。

（3）交通运输部。根据机构改革后的职能，交通运输部负责组织拟订并监督实施公路、水路、民航等行业规划、政策和标准。组织起草法律法规草案，制定部门规章；组织制定道路、水路运输有关政策、准入制度、技术标准和运营规范并监督实施。指导城乡客运及有关设施规划和管理工作；指导公路、水路行业安全生产和应急管理工作。

其中，公路局、水运局承担公路、水路建设市场监管工作，拟订公路、水路的建设、维护、路政、运营相关政策、制度和技术标准并监督实施。公路局同时也负有指导农村公路建设工作的职责。安全监督司（应急办公室）拟订并监督实施公路、水路安全生产政策和应急预案；指导有关安全生产和应急处置体系建设；承担有关公路、水路运输企业安全生产监督管理工作；依法组织或参与有关事故调查处理工作。

同时，根据《交通运输部关于履行渔业船舶检验和监督管理职责的公告》，交通运输部正式履行渔业船舶检验和监督管理职责。其中，拟订渔业船舶检验政策法规及标准，监督管理、行业指导等行政职能由交通运输部海事局承担；渔业船舶和船用产品法定检验等职责由中国船级社承担。

（4）住房和城乡建设部。从行业监管方面来说，住房和城乡建设部负责建筑工程质量安全监管。

根据内部职能划分，村镇建设司负责拟订村庄和小城镇建设政策并指导实施；指导乡镇、村庄规划的编制和实施；指导农村住房建设、农村住房安全和危房改造。工程质量安全监管司负责拟订建筑工程质量、建筑安全生产和建筑工程竣工验收备案的政策、规章制度并监督执行；组织或参与工程重大质量、安全事故的调查处理。

（5）文化和旅游部。根据文化和旅游部“三定方案”，其负有指导文化和旅游市场发展、对文化和旅游市场经营进行行业监管、推进文化和旅游行业信用体系建设、依法规范文化和旅游市场的职责。

其中，市场管理司承担旅游经济运行监测、假日旅游市场、旅游安全综合协调和监督管理。

（6）国家市场监督管理总局。负责特种设备安全监督管理。具体工作包括综合管理特种设备安全监察、监督，监督检查高耗能特种设备节能标准和锅炉环境保护标准的执行情况。

（7）其他部门。自然资源部负责落实综合防灾减灾规划相关要求，组织编制地质灾害防治规划和防护标准并指导实施；组织指导协调和监督地质灾害调查评价及隐患的普查、详查、排查；指导开展群测群防、专业监测和预报预警等工作，指导开展地质灾害工程治理工作。

水利部主要由农村水利水电司和监督司组织开展具体工作，一方面，负责指导农村水利工作，指导农村水能资源开发、小水电改造和水电农村电气化工作；另一方面，依法负责水利行业安全生产工作，组织指导水库、水电站大坝、农村水电站的安全监管。

2. 典型基层管理组织

（1）村民委员会。根据《村民委员会组织法》，村民委员会（以下简称“村委会”）是村民自我管理、自我教育、自我服务的基层群众性自治组织，承担本村生产的服务和协调工作，促进农村生产建设和经济发展。村委会的日常工作包括举办和管理本村的公共事务和公益事业，组织实施本村的建设规划，兴修水利、道路等基础设施，指导村民建设住宅。

2018 年，河北省张家口市安全生产委员会办公室制定了《安全文化建设示范乡村（社区）实施方案》，规定全市各县区按照每地不少于一个村庄（社区）的要求，选定安全生产建设示范乡村（社区）试点，利用后半年时间，分阶段、分步骤有序推进乡村（社区）试点建设，并通过年终经验总结，树立典型，进一步深入推进乡村（社区）示范点建设，通过示范点建设提升农村安全生产保障水平，提高农村安全生产水平。

（2）乡镇（街道）安全监管机构。乡镇是安全治理工作关口前移、重心下移、向基层延伸的“最后一公里”，是农业农村应急管理工作的基础。农村农业安全涉及面广、内容杂，人员管理水平、专业能力参差不齐，通过完善乡镇（街道）安全监管机构，能够切实加强农业农村安全监管工作。

2017 年 9 月，重庆市人民政府办公厅下发了《关于进一步完善区县（自治县）安全生产监管体制的通知》，进一步明确乡镇（街道）安全生产监管工作任务，厘清乡镇政府（街道办事处）与区县负有安全生产监管职责的部门之间的责任边界和关系。在乡镇（街道）现有人员编制内，统筹行政、事业资源，合理核定与安全生产监管任务相适应的人员编制。原则上一般乡镇、较大乡镇、特大乡镇分别按 3 名、5 名、7 名配备安全监管执法专职人员，街道参照特大乡镇标准执行，具体事宜由区县结合实际调整确定。

浙江省温州市早在 2010 年就通过下发《关于加快推进乡镇（街道）安全生产监管机构执法规范化建设的意见》，进一步明确乡镇（街道）安全生产监管机构执法工作职责和任务，规范乡镇（街道）安全生产监管机构职权、实施监督检查的范围，规定年度安全监管执法工作计划内容要求，加强执法制度建设，建立健全执法工作长效机制。

三、主要安全风险管控手段

农业农村存在的生产经营形式较多，生产环境复杂，涉及的安全生产问题复杂，必须纳入安全风险管控的重要范畴。通过统筹实施和重点行业领域重点关注，各地将农业农村关键安全风险防控纳入安全生产总体工作考虑范畴，抓住关键，集中时间，重点突破。

1. 消防　自2008年农村人口所占比重首次低于城镇人口后，农村人口比重逐年下降，但由于农村地域面积大、建筑耐火等级低、消防基础设施薄弱，加之青壮年人口外流，农村火灾仍是防控难点。因此，我国近几年持续强化农村消防安全管控，从责任管理、基础设施、人员队伍等方面切实推动农村消防安全水平提升。

四川省泸州市加大消防安全的投入力度，建成城区1个现役消防大队，1个应急物资储备库、乡镇3个分站，微型消防站97个（其中社区微型消防站16个），专业消防力量已突破100人，在全市率先消除乡镇消防专业力量空白点。

江西省赣州市在赣县、兴国县等地的一些行政村开展了消防安全试点工作。通过农户家用电器线路改造、农户灶前防火槽改造、村民柴草定点存放等居住环境改造和修建蓄积消防水源、设立报警电话、配备消防用三轮摩托车等防火应急基础设施建设，提高了农村消防应急水平。

云南省楚雄自治州双柏县充分发挥基层派出所贴近本地群众、熟悉农村情况的先天优势，加强对派出所民警的消防业务培训，将其引入农村消防宣贯队伍。有机融合村级基层派出所与消防监管力量，设立派出所消防民警，对辖区乡村各类企业、村委会进行消防监督检查，保证不留监管盲点和死角，形成消防监督工作横向到边、纵向到底的农村火灾隐患管控网络。

2. 道路交通　按照“因地制宜、资源整合、效能最大”原则，部分地区将村委会、森林防火、综合执法、保险公司、客运企业等基层政府组织和社会力量进行融合，统合综效，设置综合监管队伍，从一定程度上解决基层道路交通监管任务重、力量薄的问题。

“两站两员”是当前辅助支撑农村道路交通安全监管的重要力量。2020年抽样调查结果显示，各地“两站两员”的数量差别很大，部分省份在乡镇层面还没有实现劝导站的全覆盖（表4-1）。

表 4-1 部分省份“两站两员”建设情况（按劝导员数量排序）

省份	交管站/个	交管员/名	劝导站/个	劝导员/名
甘肃	17 060	30 028	3 822	7 838
陕西	928	1 313	1 192	10 466
云南	1 371	2 050	11 280	13 168
湖南	1 727	2 331	30 384	28 276
安徽	1 260	2 359	15 601	29 407
江西	1 460	3 941	15 810	29 646
四川	3 203	9 165	51 577	46 912

重庆市在农村主要道路路口设立了 7 172 个劝导站（队），积极开展安全宣传，现场及时纠正违章，并不断深入推进劝导站（队）标准化建设，优化点位设置。劝导站（队）由村党支部书记或村（居）委会主任担任站（队）长，选聘具有一定法律知识、责任心强的村民担任村级道路交通安全劝导员，形成“看、查、劝、纠、报、封”七步工作法，守好群众安全出行的第一道“防线”。同时，重庆自主创新研发客运企业风险管理系统，对全市客运企业、营运车辆、营运驾驶员进行实时风险监控。

2015 年 8 月，农村交通安全劝导站建设工作正式列入广东省安全生产委员会对各地的考核内容。2016 年 12 月，广东省政府将农村道路交通安全劝导站建设纳入 2017 年省政府 10 项民生实事，安排专项资金 3 500 万，用于汕头、韶关、河源、梅州、惠州、汕尾、阳江、湛江、茂名、肇庆、清远、潮州、揭阳、云浮等 14 个地级市 1 000 个行政村劝导站建设。截至 2018 年 6 月，广东省共有乡镇交管站 1 184 个，农村交通安全劝导站 18 182 个，专职交通安全员 1 069 名，交通安全劝导员 16 406 名。

广东省县级政府将农村公路建设和养护资金纳入本级财政预算，乡镇政府根据当地财力情况，安排相应的资金，用于乡道、村道的建设和日常养护。四川省宜宾市江安县投入运行农村客运路线 175 条，2018 年农村客运车辆已近 200 辆，其中便民小客运占 70%。为此，县财政划拨专项资金补助 50 余万元，为客运车辆统一安装全球定位系统（GPS）和 3G 视频监控，确保出行有记录、安全有保障。

陕西省从 2018 年开始，全面启动农村信息系统，推广“两站两员一长”人员注册安装信息系统手机 APP 和上传工作日志。

福建省探索推进农村智能化劝导，试点实施“人像识别”劝导教育模式，推广应用电子劝导站建设，推动全省各地建设治超站引导设施及电子抓拍系统，在南平市试点运用动态检测技术监控系统实施公路治超非现场执法。

3. 农业机械　1999 年，农业部成立农机监理总站，作为农业机械监理工作的职能部门进行安全监理工作，包括每年组织农机安全检查，负责对农业机械及农机操作人员进行监督，防范、杜绝安全事故发生等。2015 年底，全国共有县级以上农机安全监理机构 2 867 个、监理人员近 3.1 万人，监管网络不断完善，监管体系不断向乡村两级延伸，监理机构参公管理步伐加快，基本形成了国家、省、市、县多级监管网络。部分地区结合农业生产特点，积极推进设立乡镇农机监理员、村农机安全员，保证信息畅通和工作落实。

同时，各地积极推进农机安全惠农政策，推广免费管理，落实财政部、国家发展和改革委员会《关于免征小型微型企业部分行政事业性收费的通知》和《关于取消、停征和免征一批行政事业性收费的通知》文件要求。目前，80%以上的省份开展了免费管理试点工作，12 个省份和计划单列市实现了免费管理全覆盖。另外，通过贯彻实施《农业保险条例》，12 个省份开展了政策性保险保费补贴试点，探索多形式农机保险制度。在中央财政支持下，2012 年起，山东等 11 个省（自治区、垦区）开展了农机报废更新补贴试点工作，推动废旧农业机械淘汰。惠农政策的实施减轻了农业生产企业和农民负担，调动了农民接受农机安全监管的积极性，全国农机上牌率、年检率和持证率得到稳步提升，有效提高农机安全监管效果。

安徽、辽宁等地各级政府均成立农机安全生产领导小组，明确机构职责，扎实抓好农机安全生产各项工作。安徽每年召开一次全省农机化工作会议、一次农机安全生产（监理）工作会议，年初专文印发年度农机安全生产工作要点，指导各地抓好年度农机安全生产工作；每年省、市、县农机化主管部门、农机服务组织（农机大户）之间层层签订农机安全生产管理目标责任书，明确部门安全监管责任和农机服务组织主体责任。广西、湖北、陕西等将农机安全生产考核列入各级政府的安全生产考核，农机安全生产与地方安全生产工作同部署、同落实、同考核，形成一级抓一级、层层抓落实的安全生产责任制。

4. 自建房　针对自建房事故频发的现状，各地方政府通过强化宣传教育，提高农民、工程承包人的安全意识和安全施工技能，并积极推动农村建房立法，明确农村建房的安全监管、质量监督、审批手续以及验收工作程序。同时，通过推动监管重心下移，强化乡镇政府、村（居）委会的农村建筑施工安全监管责任，规范农村建房活动、加强对农村建筑施工活动监管。

特别是针对农村房屋管理薄弱环节，各地积极完善政策制度，出台相应的管理办法，为农村建筑施工行业的安全监管提供了有力的法律保障。据初步统计，目前有 23 个省份相继出台了管理政策制度，主要分为两种：一种是地方政府规章，如浙江、上海、山东、湖南、四川5省份以政府令形式，颁布施行了地方政府规章；另一种是部门规范性文件，北京、河北、山西、江苏、福建、江西、河南、湖北、广东、广西、海南、重庆、云南、贵州、西藏、陕西、宁夏、新疆等18个省份分别以通知、管理办法、实施意见等形式，出台了相关规范性文件。此外，一些城市以地方性法规对自建房安全进行规范，如陕西西安，广东韶关，湖南长沙、郴州、永州、益阳，浙江衢州，江西南昌、新余等陆续颁布了农村房屋建设管理条例，对农房建设规划、选址、用地、设计、建造、使用、产权登记进行了规定。

总体说来，地方出台的管理制度参照城市管理方式，包括了宅基地审批、乡村建设规划许可、农村房屋建设施工管理、竣工验收等内容，例如，2018年5月，浙江省政府发布《浙江省农村住房建设管理办法》，对浙江省行政区域内农村村民新建、改建、扩建农村住房的建设活动及其监督管理作出规定，主要从农房建设管理职责、农房设计、建设施工、质量安全管理等方面作了明确规定，着重解决农房质量安全和风貌特色管控。

5. 渔业船舶 由于近几年气候变化异常，海域台风、江域大风大浪等情况频发，渔业安全生产形势异常严峻。因此，渔业主管部门与地方政府不断加强应急管理工作，并根据实际组织专项培训，开展以防风、避浪、防雾、安全避让和自救互救等为主要内容的培训和宣传教育，切实提高渔民的专业技能，增强安全意识。同时，各级各部门加强对港口、渔船的管理，特别是针对老旧渔船持续开展更新改造和淘汰促进，限制安全隐患大的老旧渔业船舶从事渔业生产活动。

2020年，农业农村部印发《渔业安全生产专项整治三年行动工作方案》，提出六方面重点治理工作。一是针对渔业生产，全国每年开展3个月的渔船安全隐患自检自查、异地交叉排查和问题集中整治；二是对渔港“港长制”实施的推动，要求出台渔港综合管理改革的意见，明晰渔港权属关系、落实港长责任，开展渔获物定点上岸渔港申报认定、实施驻港监管和进出港报告等制度；三是对渔业无线电管理的专项治理，同步制修订规章制度与标准规范，开展插卡式AIS（船舶自动识别系统）设备研发与推广应用；四是针对渔业船员能力提升，修订完善渔业船员考试大纲，创新培训、考试和发证方式，推动成立渔业船员服务协会；五是渔业安全管理制度的建立健全，特别是推动《渔业安全生产管理规定》的制定，完善应急预案，建立违规记分机制；六是坚持以风险保障体系促进渔业安全发展，印发渔业互助保险体制改革总体方案，推动成立渔业互助保险社，推动渔业安全生产责任保险等。

针对海洋渔业的风险特殊性，各沿海地区也积极探索海洋渔业安全监管新思路，总结经验不足，利用信息化智能化手段提升监管水平。例如，山东省烟台市总结归纳船舶交通管理“八环工作法”，通过明确气象跟踪、预警发布、资料搜集、分类标识、安全评估、四级监控、抽查点名、应急处置等8个关键环节的任务，强化船舶监管，确保大风天气锚泊船安全。福建省自2007年起建设“福建省海上渔业安全应急指挥系统”，作为海洋与渔业防灾减灾“百千万工程”的重要组成部分，是福建省应急系统建设的重点项目之一。该系统建设运用了地理信息系统、全球定位系统、计算机和无线通信网等先进技术，在福建省电子海图数据库、福建省渔船管理信息数据库、台风路径数据库的基础上，增加渔船定位、搜救资源信息等。它能辅助各级渔业行政主管部门在应急情况下，按“统一指挥，分级管理”的原则，有效处置各种突发事件，最大程度地减少灾害损失，保障渔民群众的生命财产安全。

在渔业船舶监管方面，由于生产性渔船和休闲渔业渔船监管性质不同，部分地区出台相关规定，进一步厘清监管职责，将各类渔业船舶逐一纳入监管范畴。2019年《广西壮族自治区安全生产委员会关于进一步加强全区水上安全管理工作的通知》中规定，农（自）用船舶的日常安全管理工作由属地乡镇政府（街道办）负责；渔船的检验和监督由交通运输部门负责；含船、艇、排、筏等在内的涉渔“三无”船舶，由属地乡镇政府（街道办）负责登记造册，纳入乡镇安全监管。辽宁省以及秦皇岛、厦门、广州、珠海、惠州、三亚等沿海城市均出台了沿海旅游运输或旅游船舶安全管理规定，对载客12人以下小型客船运输的安全管理进行了规范。

6. 地质灾害　我国农村普遍存在地质结构复杂、人员块状聚集、预警设施相对落后的特征，地质灾害救援力量薄弱、救援难度大。特别是突发性地质灾害可预见性差，经常出现求救不及时、救援难到达的情况，一定程度上加重经济损失和人员伤亡。因此，在全面开展地质灾害隐患点排查和技术整治的基础上，各地区将群众作为管理体系中的一分子，通过结合专家团队、政府人员的力量，形成“群专结合”的灾害防治体系，提高农村地质灾害的防灾减灾能力。

重庆市借鉴社会治安网格化管理理念，按照“群专结合”管理思路，2015年建立了以区县、乡镇（街道）行政区域划分为基础的地质灾害防治“四重”网格化（基层群策群防员、片区负责人、驻守地质队员、区县技术管理员）管理机制，落实“四重”网格员16 568人（14 568名地质灾害群测群防员、1 193名片区负责人、470名驻守地质队员、337名区县地环站专职工作人员），严盯死守每一处查明的地灾隐患点。在470名驻守地质队员中择优选择责任心强、技术过硬、经验丰富的专业人员成立区县级驻守专家领导小组，负责统筹管理、考核地质队员的驻守工作，指导、配合处置重大地质灾害灾险情。重庆市印发《地质灾害“四重”网格员工作指南》等一系列文件规章，细化明确了“四重”网格员的工作职责、内容、流程和要求。

湖北省宜昌市探索实施地质灾害防治“群专结合”监测模式，全市以“群专结合”、专家驻守为特点的“四位一体”（乡镇分管领导、国土所负责人、村负责人及地质环境监测保护站专业技术人员协同管理的一体化）网格化管理模式基本建成，地质灾害空间数据库正在抓紧推进，滑坡应急（自动）监测正在逐步推广，少数重大地质灾害点实现远程监控。

此外，我国大力推进地质灾害避灾移民工作，以消除地质灾害隐患威胁、保护人民群众生命财产安全为出发点，将避险移民搬迁工程与地质灾害综合治理同时作为农村地质灾害防控的重要手段，从根本上保障农村居民的人身安全。2021年3月，北京市规划自然资源委员会同市发展和改革委员会、市财政局、市生态环境局、市住房和城乡建设委员会、市交通委员会、市水务局、市农业农村局、市应急管理局等七部门印发了《北京市地质灾害综合治理和避险移民搬迁工程工作方案》，以消除地质灾害隐患威胁、减少受威胁人口、显著降低地质灾害风险为出发点，加大地质灾害综合治理和避险移民搬迁工作力度和资金投入，加强源头管控，通过三年工程实施，推进重大地质灾害治理工程，基本完成高风险区地质灾害隐患综合治理和受威胁群众避险移民搬迁，减少受地质灾害威胁人口，最大限度保障人民群众生命安全。

7. 病险水库 我国大中型水库中近65%、小型水库的90%左右建成于1957—1977年，这些水库建设中“三边”工程多，设计质量较差。其中，部分水库的建设处于特殊政治经济发展阶段，在“多快好省”的要求下建筑质量和可靠性不足，使用十几年后设备设施老化失修情况极其严重。为消除病险水库长期存在的安全隐患，减少溺亡、垮塌、洪涝等公共安全和地质灾害事故发生风险，我国持续开展水利工程的除险加固和病害治理，特别是1998年洪灾之后，我国先后分两批将3345座病险水库的除险工程列入中央补助计划，累计投入158亿元补助了1217座水库的除险加固工程。

近几年，各级农业农村、水务等部门和基层政府也将病险水库治理作为水利建设的重点工作，积极向上级争取项目资金进行修缮维护，并尝试将病险水库治理和防汛工作与其他安全治理工作综合布局、统筹安排，形成监管合力。

重庆市大足区政府由分管农业农村工作副区长定期组织召开农业、交通、安全监管、水利、消防、城乡建设等部门参加的涉农安全工作会，明确各部门的安全生产责任，层层落实责任。实行森林防火、防汛行政首长负责制，所有水库落实行政、技术和管护3个具体责任人，10条主要河流流经的15个镇街落实城镇防汛安全行政责任人和技术责任人。

2021年3月，台州市政府召开全市小型病险水库（山塘）除险整治3年行动部署会，提出全市病险水库山塘除险整治的目标是在3年时间内全面完成市域超期小型水库安全鉴定、山塘安全认定评估、163座存量小型病险水库除险、300座重点山塘整治，全面推行水库管理产权化、物业化、数字化改革，消除水库山塘安全隐患，推进水库山塘治理体系和治理能力现代化。

8. 其他方面　农村农业是安全监管的重要范畴，新农村建设和农业一二三产业融合过程中，涉及的安全生产问题复杂。通过统筹实施和重点行业领域重点关注，各地将农村农业安全监管纳入安全生产总体考虑范畴，集中时间，重点突破。

四川省泸州市将农村农业安全生产纳入全市安全生产工作考虑范畴。2017年底市政府印发《泸州市开展岁末年初安全生产专项整治实施方案》，成立由市长亲自挂帅的领导小组，集中3个月时间对全市交通运输、煤矿、非煤矿山、建筑施工、危险化学品、烟花爆竹、人员密集场所等十大重点行业领域开展安全生产专项整治。同时，为确保工作成效，市安全生产委员会组织督查组先后3次对全市各级各部门各单位工作开展情况进行督查，累计通报存在问题的单位68家，督促整改安全隐患和问题329条，有效助推了专项整治工作取得实效。

针对休闲农业事故频发的实际情况，各地在推动乡村游、农家乐、休闲牧场等休闲农业活动的同时，关注安全监管责任划分，通过专项检查、节假期重点督查等措施，将休闲农业纳入安全生产大检查和专项整治行动工作。2018年4月，山东省济南市农业农村局印发《济南市休闲农业安全生产专项整治行动工作方案》，结合全市安全生产专项整治行动安排，对辖区内休闲农业经营主体开展安全生产隐患大检查工作，重点对各级农业部门认定的各类休闲农业示范创建单位开展安全生产专项整治，突出关注观光通道、游乐设施、餐饮卫生、民宿房屋以及影响休闲农业经营主体健康发展的设施农业生产安全、农村沼气工程安全、农产品质量安全等。江苏省泰州市农业农村局于2019年12月下发《关于做好休闲农业类景区旅游安全生产行业监管工作的通知》，明确农业农村部门承担休闲农业类景区旅游安全生产行业监管工作，并提出针对设备设施、农产品质量、消防、交通等方面安全监管的相关要求。四川省绵阳、简阳等地市农业农村局在明确行业监管责任的基础上，充分考虑自身监管能力不足的实际情况，组织第三方专业机构开展休闲农业经营场所安全检查，并督促相关场所及时消除安全隐患。

为加强休闲海钓渔船管理，保障船舶及船上人员安全，促进休闲海钓产业健康有序发展，早在2002年，国家海事局就针对浙江省海事局关于休闲渔业船舶水上安全监督管理问题进行答复。部分沿海省市基于国家相关法律法规，根据本地区海洋自然条件和休闲渔业发展目标，也相继出台了相关规定，部分省市针对休闲渔业经营，从休闲渔业船舶条件、从业人员能力资质、休闲渔业活动管理、政府监管等方面提出要求，着力建立“政府＋行业准入＋保险＋应急救助＋行业协会”五位一体的风险防范机制。山东省充分发挥政府监管责任和企业主体责任合力，在重点地市开展休闲渔业安全管控探索。作为海钓产业优势明显的新兴城市，日照市2015年发布实施《日照市休闲海钓船管理暂行办法》，对经营单位、船舶及船员的管理作了相关规定，并指导重点休闲渔业企业尝试借鉴航天员操作手册和航空安检流程，建立每日船舶检查流程、“无缝对接”游客安全培训机制及登船航空级安检标准，以全流程、标准化、全覆盖的休闲垂钓安全管理模式保障海钓安全。基于日照、烟台、青岛等地方经验汇总，2017年，山东省依据农业部渔业船舶检验局《关于同意在山东省开展休闲渔船及海洋渔业装备检验管理试点工作的批复》，制定了《休闲海钓渔船试点管理暂行办法》，对休闲海钓进行了全流程规范。2020年，海南省休闲渔业协会研究形成《海南省休闲渔业（海钓）行业自律行为规范与准则》，作为我国首部休闲渔业行业的自律规范，从行业自律的角度出发，对钓场、运营企业、休闲渔船、从业人员、海钓行为、安全生产、环保等几个方面的行为活动作出安全规范。

四、农村农业应急处置与能力系统化建设

中国自古以来就是一个自然灾害频发的国度，灾害不仅种类多，而且爆发频次高。根据邓拓《中国救荒史》中的统计，公元前1766年至1937年，我国的水、旱、蝗、雹、风、疫、震、霜等灾害共达5 258次。农村农业应急处置与应急能力建设从古至今都是深受基层政府关注的头等大事，也是保证一个地区民生稳定、发展稳健的必要因素。

县（市、区）政府担负着农村农业突发事件先期处置的重任，预防和应对突发事件水平高低，直接影响到应急管理工作的整体水平。各地方政府按照党中央、国务院关于加强基层应急管理工作的决策和部署，结合本地实际，着力探索农村农业应急管理工作规律，全面提高应急处置与能力，从事前预防、应急预案、人员队伍、响应处置等方面进行现代化、系统化、规范化建设，逐渐形成适用于农村农业的应急管理方法。此外，为了便于基层管理人员更好地掌握监管要点，提高监管执法的精准度和有效性，各地区采取各种方式明确重点

监管内容，创建手册式监管模式，实现安全监管重心下移、关口前移。强化农村农业安全生产治理薄弱环节建设，协助提升村级安全治理和应急管理能力。

自2008年起，广东省通过深入实施“五个一”工程，即每个地级以上市确定一个县（市、区），每个县（市、区）确定一个乡镇（街道）、一个村（社区）、一家企业、一所学校作为示范点，坚持以抓机构、抓预案、抓队伍、抓宣传、抓信息、抓排查、抓保障、抓培训、抓演练、抓联动“十个抓”为突破口，以建立健全信息早报告、苗头早预防、隐患早排查、矛盾早化解、事件早处置等“五个早”的工作机制为重点，以点带面，全力推动农村农业基层应急管理工作。

山东省潍坊市惠民县政府在2018年组织编制了《村级安监员工作手册》，内容涵盖村级安监员主要工作职责和职业操守、农村安全生产常识、检查记录、常用紧急电话号码及有关职能部门联系电话、工作日志等内容，为村级安监员日常工作开展提供了详细指导。

赣州市将社会主义新农村建设与农村应急管理工作有机结合，以增强农村房屋安全舒适度和提高抗灾减灾能力为原则，要求全市所有镇和自然村庄编制规划，科学选址，进行规划安全性评估。加强村村通电话工程、村村通广播电视工程、农村路网改造、消防安全、信息发送设备等公共设施建设，进一步增强了应急宣传、通信、交通等保障能力。

五、农村公共基础设施建设水平提升

农村公共基础设施建设是农村现代化建设的关键环节，也是全面提升农村安居水平、强化应急能力的必要工作。随着农村经济水平日益提升，各地方政府在农村基础建设，特别是安全生产基础设施方面加大投入，通过提高基础设施水平、扩大普及面，全面提升安全监管效果和突发事件应对能力。

国务院办公厅印发的《国家综合防灾减灾规划（2016—2020年）》明确要求在“十三五”期间进一步健全防灾减灾救灾体制机制，建成中央、省、市、县、乡五级救灾物资储备体系，提升农村住房的设防水平和抗灾能力。中共中央、国务院发布的《乡村振兴战略规划（2018—2022年）》也将农业农村基础设施和公共服务作为乡村振兴战略的重要组成部分，着眼推进城乡一体化和农业农村现代化，为基础设施建设和公共服务供给聚焦了方向，部署了新任务，同时配套了一系列重大工程和行动计划。

2020年，应急管理部消防救援局下发《关于进一步加强农村消防工作的通知》，明确要求将农村消防基础设施建设、乡镇应急救援力量等纳入当地民生工程，作为政府部门目标管理绩效考核内容，并提出借力国家关于城乡统筹发展、基本公共服务均等化、脱贫攻坚、乡村振兴、平安乡村建设等政策方针，统筹将农村消防基础设施建设纳入本地区经济社会发展规划、乡镇总体规划编制内容并同步实施，从根本上提升农村消防基础设施建设水平。

浙江省温州市通过计划重点投入，自 2013 年起，在建设资金和工作力量上从市县两级抽拨专项经费、抽调具有建设经验的人员，深入贫困山区和建设力量弱的村居，对应急管理“五个一”建设工作予以帮扶支持，为全市村居（社区）应急基础能力建设提供保障。

截至 2014 年，云南省凤庆县已设置完善了 9 个应急避难场所，下拨 43 万元应急避难场所建设补助资金，有序推动乡镇、村的应急避难场所、点的建设工作。

六、广泛开展农村安全与应急宣传教育

我国农村经济发展与城市相比尚有较大差距，相关从业人员主要为老人和儿童，整体文化水平不高，安全意识和安全素质较低，导致大量农业从业人员对自身的安全健康重视程度不足，安全需求尚未得到充分释放。教育培训作为促进农村劳动力摒弃安全陋习、提高安全意识的有效手段，能够从根本上提高农村从业人员安全生产意识和能力。各地政府、各类技术中心通过传统课堂和新型非课堂培训形式，广泛开展农村农业安全宣教工作，形成个性化、特色化的宣教培训模式。

农业农村部一直以来通过综合运用多种形式，积极开展农村农业安全与应急宣教培训，广泛宣传农村农业安全生产和应急惯例知识，提高农业从业人员和农村留守人员的安全意识，营造平安农业、平安乡村。

以“安全生产月”和“安全生产年”为依托，农村农业范围内持续开展了以安全生产执法、治理和宣传教育为重点的“三项行动”。结合文化、科技、卫生“三下乡”活动，向农业生产人员和经营单位发放安全知识手册、宣传挂图、《农机安全生产知识》连环画册等宣教用品，开展“农机安全宣传咨询日”“送安全避碰知识上船入户”等活动。重点开展了农机“六个一”活动，农机监管人员深入农村基层，广泛宣传农机安全知识，进行农机操作安全培训，帮助农机所有者加速淘汰落后和不符合安全生产条件的农机具。此外，基层农业管理部门定期组织开展农业应急管理和安全生产培训，基本覆盖到乡镇和村级农机监管人员和管理人员。

全国农业技术推广服务中心 2020 年起联合相关专业领域企业，组织开展

高素质农民和植保无人机飞手科学安全用药培训，各地积极响应，重点组织种植大户、家庭农场等高素质农民及专业化统防统治组织中的植保无人机飞手参加，通过技术培训提高相关从业人员的安全意识及操作能力。

江西省高安市把农机安全执法宣传作为常态化工作，充分结合不同农业耕种养殖阶段的典型生产特征，对重点地区、重点场所有针对性地进行安全宣传，重点关注农机驾驶员安全操作、变型拖拉机违规载人、农机安全操作等方面内容，并通过拉横幅、摆展板、发放农机安全生产宣传画册、宣传资料等多种形式组织群众参与到农机安全咨询活动中。

第五章　典型发达国家和国际劳工组织农业安全治理情况

一、美国

1. 农业产业概况　美国农业在两三百年里完成了由原始农业到传统农业再到现代农业的转变，其农业发展的历程属于世界上较为典型、完善的，农业发展水平也能够代表世界先进水平。目前美国的农业安全管理主要集中于职业安全健康方面，安全生产水平在世界居于前列。

（1）土地。美国地处北美洲南部，北接加拿大，南连墨西哥和墨西哥湾，东西分别濒临大西洋和太平洋，并拥有远离本土的阿拉斯加州和中太平洋北部的夏威夷州，总面积 963 万千米^2。在美国全部土地中，农业、林地、畜牧用地比重达 75%，除约 10%不能作为农业用地的荒漠、冻土、冰川、盐碱地等荒地和 9%的城镇居民点、工矿、交通、国家公园与自然保护区外，其余的土地均用于农林牧业生产。

作为全世界耕地面积最大的国家，美国土质肥沃，海拔 500 米以下的平原占国土面积的 55%，可耕地面积占国土总面积的 20%，农场平均面积 421.2 英亩[①]，非常适宜农业机械化耕作和规模经营，土地基础良好。

（2）农业发展阶段。美国目前处于现代农业阶段，在自由市场的基础上，一定程度上采用政府宏观调控手段对农业发展进行控制，促进农业产业发展。

从农业经济发展角度划分，美国农业发展可以划分为四个时期：

一是建国之初到 1840 年左右的传统农业时期。在此阶段使用铁木农具和凭借直接经验从事农业生产活动。

二是 1840 年到第一次世界大战前夕的农业半机械化时期。在此阶段，美国农业实现了从手工工具向畜力机械的过渡，农业生产能力迅速提高。

---

① 英亩为非法定计量单位，1 英亩≈$4.046\,856\times10^3$ 米^2。——编者注

三是第二次世界大战期间的农业机械化时期。这一阶段，在农业机械化发展的同时，农业化学技术和生物技术有了初步的发展，这一阶段也是农业政策发生根本性变化的阶段，即从促进农业生产力为主的政策转向农产品价格与收入支持为主的政策。

四是第二次世界大战以来的现代农业时期，由传统以资源为基础的农业转变为以科技为支撑的现代农业。

美国农业部经济研究局在2000年研究中认为，美国建国以来，以农业政策为导向，可以划分为四个时期：

第一时期（1785—1890年）。着重于土地分配。

第二时期（1830—1914年）。通过对教育和研究的支持，着重于提高生产率。

第三时期（1870—1933年）。通过市场规则限制、基础设施改善、为农民提供信息以提高其竞争力。

第四时期（1924至今）。实施政府干预，向农民提供收入支持。

（3）农业生产要素情况。根据国际上对农业生产要素的研究，一般从劳动力、土地、牲畜、机器、肥料五方面进行考察。其中，牲畜包括马、牛、羊、禽类，机器包括拖拉机、联合收割机，肥料包括氮肥、磷肥、钾肥。

从近50年的世界统计数据（表5-1）来看，劳动力是最关键的生产因素。但随着现代化进程的加快，已经有相当多的劳动力从第一产业转移到第二、第三产业，同时机器和肥料在农业中的使用也越来越广泛。可以说，科技性因素成为农业主要生产要素之一，但劳动力依旧是生产的核心要素。

表5-1　世界农业生产要素构成比例

单位：%

生产要素	1961—1970年	1971—1980年	1981—1990年	1991—2000年	2001—2010年	均值
劳动力	31.6	31.2	31.5	32.2	31.0	31.5
农用土地	23.5	22.1	19.2	20.9	20.3	21.2
牲畜	24.9	24.4	23.5	21.4	21.2	23.1
机器	6.4	7.2	9.2	9.8	9.7	8.5
肥料	13.6	15.1	16.6	15.6	17.8	15.7
种子	—	—	—	—	—	—

注：种子占比小于0.01，所以不标注具体值。

美国作为世界上农业领先国家，其生产要素构成比例（表5-2）与世界整体情况略有不同。

牲畜是美国最主要的农场资本，农业机械技术的革新和肥料的广泛应用也使得农业机器、肥料的占比逐渐增加。20 世纪 40 年代，美国就实现了粮食生产机械化。60 年代后期，粮食生产机械化水平达到了从土地耕翻、整地、播种到田间管理、收获、干燥等全过程机械化；70 年代初，则形成棉花、甜菜等经济作物从种植到收获全周期机械化。

表 5－2　美国农业生产要素构成比例

单位：%

生产要素	1961—1970 年	1971—1980 年	1981—1990 年	1991—2000 年	2001—2010 年	均值
劳动力	23.5	18.4	17.1	22.1	22.6	20.7
农用土地	20.3	22.5	18.8	17.6	15.2	18.9
牲畜	29.1	30.1	28.1	25.0	25.7	27.6
机器	12.8	13.4	18.0	12.9	13.1	14.0
肥料	14.3	15.6	18.0	22.4	23.4	18.7
种子	—	—	—	—	—	—

注：种子占比小于 0.01，所以不标注具体值。

从表 5－2 中也可以看出，美国的农业土地从 20 世纪 60 年代的 20.3%下降到 21 世纪初的 15.2%，事实上，美国农业用地的绝对量也在逐年递减，但粮食产量基本能够逐年递增，这说明美国的“科技兴农”成效良好，通过先进农业技术，有效增加粮食产量，同时节约土地资源。

美国建国之初是典型的农业社会，1790 年美国总人口是 393 万，其中农村人口为 372.8 万人，农村人口占全国总人口的 94.9%，绝大多数农村居民从事农业生产。从统计数据中能够发现（表 5－3），19 世纪 60 年代后，随着工业化进程的加快，美国农村人口的比重开始较大幅度下降，劳动力在美国农业生产要素中的占比也逐步下降。1900 年美国农业人口比重约为 40%；1930 年为 25%；2000 年已不足 1%；2012 年相对略有提升，约占总人口的 2%，但也远低于国际平均水平。虽然美国农业人口下降幅度极大，但其劳动力水平却由于技术革新有所提升。

表 5－3　美国人口统计

年份	农村人口	城市人口	总和
1980	40 961 685	185 580 519	226 542 204
1990	41 374 186	207 416 739	248 790 925
2000	44 775 350	236 649 250	281 424 600
2010	46 293 381	262 464 724	308 758 105
2019	46 063 061	282 176 462	328 239 523

从农村人口的受教育情况来看（表 5－4），美国农村人口的受教育率相比城市虽然偏低，但显著呈现逐年提高的趋势，特别是大学肄业及以上的农村人口在 2015—2019 年已经达到 50%，这对于美国“科技兴农”政策的良好推广有着极大的助益，也正是“科技兴农”政策的有效落实，助力了美国农村人口基本素质的提升。

表 5－4 美国人口受教育情况统计

单位：%

受教育程度（25 岁及以上）		农村人口	城市人口	全部
高中肄业及以下	1980 年	41.8	31.7	33.5
	1990 年	31.6	23.4	24.8
	2000 年	23.6	18.8	19.6
	2015—2019 年	13.6	11.7	12.0
高中毕业	1980 年	35.3	34.4	34.6
	1990 年	35.3	28.9	30.0
	2000 年	36.1	27.2	28.6
	2015—2019 年	35.6	25.5	27.0
大学肄业	1980 年	12.4	16.4	15.7
	1990 年	20.9	25.7	24.9
	2000 年	25.4	27.8	27.4
	2015—2019 年	30.7	28.6	28.9
大学毕业及以上	1980 年	10.5	17.5	16.2
	1990 年	12.3	21.9	20.3
	2000 年	14.9	26.2	24.4
	2015—2019 年	20.0	34.2	32.1

（4）农场规模。农场是美国的主要农业资产，是美国农业的基本构成单位，是进行农业生产的基础条件，其发展直接关乎美国农业发展情况。目前，美国已经形成为数不多的商业化大农场与众多中小型农场、农村居住型农场同时并存的局面。商业化大农场数量少，承担绝大多数农产品的生产职能；中小农场数量众多，但农产品产量有限。

美国农场土地构成中，主要按照土地用途分为耕地、草场、牧场和荒地。20 世纪 30 年代以来，美国耕地面积变化不大，但是由于农业相对收益较低，又受到规模经济、政府支付以及竞争等因素的影响，农场规模步入大型化、专业化的发展趋势。据统计（表5-5），1930年，美国农场数为630万个，平均每个农场的规模为151英亩，每个农场生产4.5种农产品；2002年，美国农场数下降为210万个，平均农场规模为441英亩，每个农场生产1.3种农产品；2017年，农场总量仅为204万个。

表5-5 美国农场数量与规模的变化

项目	1900年	1930年	1945年	1970年	1987年	2002年	2017年
农场数量/万个	570	630	590	290	208	210	204
平均农场规模/英亩	146	151	195	376	462	441	441
单位农场农产品种类/种	5.1	4.5	4.6	2.7		1.3	

农场总数的减少和平均规模的增加，是美国农业发展的重要体现。统计数据显示，截至2017年，全美年销售额超过500万美元的特大型农场数量占总数的1%，销售额占35%。而年销售额不到5万美元的小微农场数量占总数的76%，销售额仅占3%。小型农场被兼并，大型商业化农场崛起，意味着完全按照商业化经营模式发展的农场承担起农业主要生产任务，由专业的农场公司代理管理，逐步达到规模化、集约化、商品化。而小型农场主要是中级农场和乡村农场，以家庭所有制为主，不以营利为目的，形式以生活农场和退休休闲农场为主，主要满足农场拥有者个人需求。

（5）农业产值。从前文可知，随着国家经济结构的调整，美国农业人口处于不断下降的态势，这也使得农业及其相关产业在国民经济中的比重也有明显下降（表5-6）。2009年以后，农业在美国国内生产总值（GDP）中的占比不足1%，农业及相关产业产值比重不及美国GDP总量的5%，其中畜牧业和种植业基本达到并重。到2020年，美国农业占GDP比重只有0.84%，仍不足1%。

表5-6 农业产值占美国GDP的比重

项目	2003年	2004年	2005年	2006年	2017年	2020年
GDP/万亿美元	11.5	12.2	12.5	13.8	19.5	20.9
农业产值占GDP的比重/%	0.8	1.0	0.8	0.7	0.9	0.8

美国农产品出口率较高，农产品成为其出口创汇、弥补贸易逆差的重要手段。在出口农产品中，大宗农产品如小麦、棉花、玉米、高粱等曾占据主要地位。近年来，高附加值农产品如蔬菜、水果以及畜产品的出口量快速增加，农产品结构逐步优化。

2. 农业安全生产情况　农业安全生产关乎农业产业的健康发展，美国在职业安全健康方面的关注促使美国农业安全生产水平在世界位居前列。

（1）安全生产总体情况。从世界范围来看，美国的农业安全生产情况相对较好。目前已完成了农业产业中生产安全统计项目的整合，形成农作物生产、伐木业、动物养殖、渔业、农业服务五项。

根据美国劳工统计局 1993—2019 年的统计（图 5－1、图 5－2），农业事故造成的死亡人数逐年下降，但十万雇员死亡率一直处于波动下降趋势，并在 2003 年左右有所增加。在行业领域中，农业事故死亡率持续超过建筑业和采矿业，成为美国事故死亡率最高的行业领域。

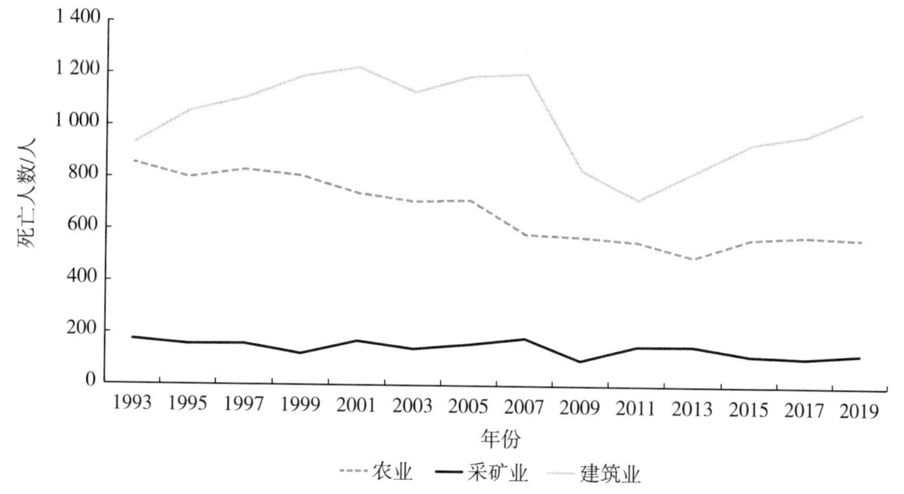

图 5－1　美国农业、采矿业、建筑业事故死亡人数（1993—2019 年）

根据美国劳工统计局对农业安全生产情况进行的统计可以看出，渔业是美国农业生产中风险最高的部分，其次是伐木业和动物养殖，分别居于第二和第三位。

美国农业生产死亡人数的绝对下降与美国农业人口数量急剧减少有着极大关系。1900 年，41％的美国人是农场工人；1940 年，美国有 700 万人在农场；1994 年左右，美国农业劳动力占全国劳动力比重仅有 2.51％；2010 年，则只剩下 1.63％。2012 年的统计数据表示，有 2％的美国人在从事农业生产，虽然有所提高，但由于机械化作业的全面覆盖，真正在操作一线的农业生产人员比例并不高。但从死亡人数方面统计，农作物生产中事故死亡人数高居榜首，排在其次的是伐木业和动物养殖，这与从事农作物生产工作的人员基数较大有很大关系。

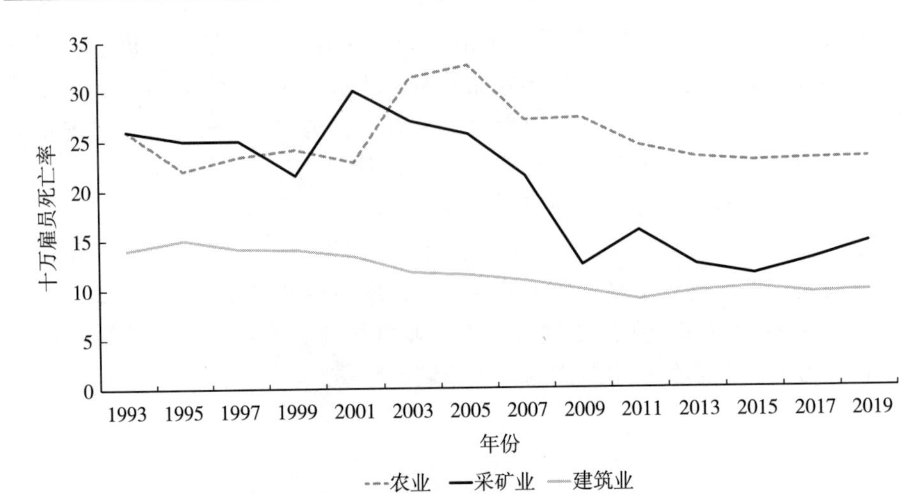

图 5-2　美国农业、采矿业、建筑业事故十万雇员死亡率
（1993—2019 年，缺 2018 年数据）

十万雇员死亡率突然升高的主要原因可以归结于 1996 年起的统计口径调整。统计数据表明，美国从 1996 年开始将渔业纳入农业行业整体统计，2003 年纳入伐木业。至此，农业行业生产安全统计中包括了农作物生产、伐木业、动物养殖、农业服务、渔业五项，与农业产业的农林牧副渔基本一一对应。

（2）农机安全生产情况。美国农业生产主要依靠机械化作业，大型农场的农业规模化、自动化水平极高。农机技术的快速发展与广泛普及，不可避免地带来相应的生产安全问题。总体来说，主要为拖拉机导致的伤害。

据统计（表 5-7），在美国农耕土地面积、农场数量逐渐减少，世界农业机械化水平逐渐提高的情况下，美国每公顷农用拖拉机拥有量仍旧超过世界均值，更远超美洲水平，遥遥领先于其他国家。2017 年，美国农业机械保有量（以美元折合）为 2 723 亿美元，平均每家农场拥有农业机械保有量为 13.3 万美元。

表 5-7　农用拖拉机总量及每千公顷拥有数量

年份	美国总量/千台	美国 每千公顷拥有数量/（台/千公顷）	美洲 每千公顷拥有数量/（台/千公顷）	世界 每千公顷拥有数量/（台/千公顷）
1965	5 002	28.0	18.4	10.6
1970	4 942	25.9	17.4	12.3
1975	2 809	25.6	17.5	14.4
1980	4 875	25.6	17.9	17.3
1985	4 873	25.7	18.4	19.6

（续）

年份	美国总量/千台	美国 每千公顷拥有数量/（台/千公顷）	美洲 每千公顷拥有数量/（台/千公顷）	世界 每千公顷拥有数量/（台/千公顷）
1990	4 860	25.9	19.2	21.3
1995	4 813	26.1	19.2	21.5
2000	4 773	26.8	18.7	23.1
2005	4 738	28.2	18.5	23.3
2010	4 554	27.4	17.4	25.3

美国在农机生产安全事故的统计上，以拖拉机和其他农机为大类。其中，拖拉机归入机动车辆事故统计，其他农机归于机械，类似于我国的统计方式。从统计（图 5－3）中能够看出，拖拉机带来了绝大多数美国农业机械事故伤害，约占美国农业死亡总人数的 1/4。2015 年统计数据显示，美国拖拉机事故死亡人数已经超过 450 人。

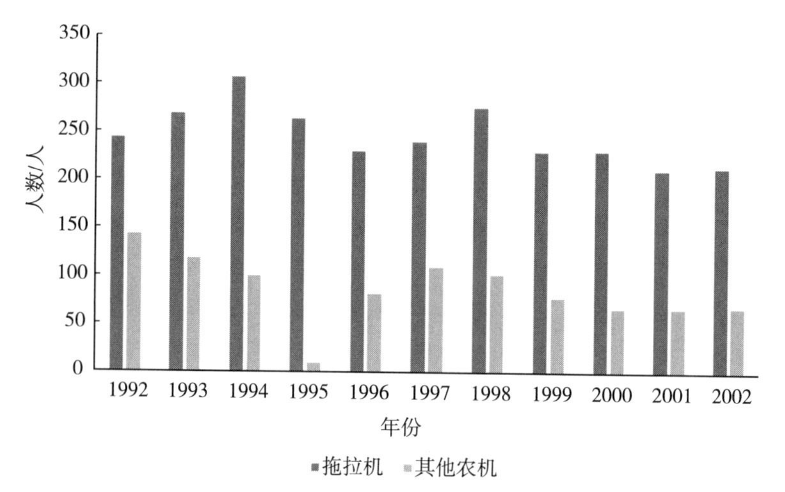

图 5－3　美国农机事故死亡人数统计（1992—2002 年）

3. 农业安全相关部门　美国农业安全管理主要部门包括农业部、职业安全与健康管理局（OSHA）以及劳工统计局，其中主要由 OSHA 开展农业职业安全健康监督工作。

（1）农业部。美国农业部的前身是联邦政府农业司，1889 年改为农业部，其职能范围内没有明确提出职业安全健康相关职责。

早期农业部的工作重点是收集并发布农业统计信息，引进有价值的动植物以及回答农场主有关的农业问题等。

目前，美国农业部由各类国家股份公司，如农产品信贷公司、联邦机构和其他机构组成，是直接负责农产品出口促销的政府机构，集农业生产、农业生态、生活管理，以及农产品的国内外贸易于一身，对农业产前、产中、产后实行一体化管理。其具体事务主要分为七部分，包括自然资源与环境，农场与国外农业，农业发展，食品、营养与消费者服务，食品安全，研究、教育与经济，营销与相关规则。

从农业部的职能可以看出，其主要负责提高农业生产率，确保食品安全，通过对农业生产的支持，提高美国人民的生活质量。

（2）OSHA。1970 年 12 月 29 日，美国总统尼克松签署通过《职业安全与健康法》。根据该法的规定，由劳工部组建了 OSHA。其工作宗旨是通过发布和推行工作场所的安全和健康标准，阻止和减少因工作造成的生病、受伤和死亡；通过引导和监督，为雇员提供一个安全健康的工作环境。

根据其工作宗旨，OSHA 在农业安全生产方面进行了相关工作。例如，制定第 29 号联邦政府法规中农业职业安全与健康标准（29 CFR 1928），对农业工人进行职业安全健康培训，统计美国农业职业安全健康相关数据信息等。

（3）美国劳工统计局。美国劳工统计局成立于 1884 年，隶属于美国劳工部，主要负责监测美国劳动市场的活动、工作条件、价格变动等。其中，职业安全健康统计中包含农业职业安全健康方面内容。

劳工统计局主要工作是收集、分析、宣传必要的经济信息，支持各类决策。作为美国独立的统计机构，劳工统计局通过提供产品和服务的形式，客观、及时、精确地向不同类型的用户提供所需信息。主要统计数据分为六大部分：就业、失业等劳动力状况，消费者和生产者价格、消费支出、进出口价格、工资报酬，生产率及技术变化，就业预测，职业安全健康统计，劳动统计国际比较。

职业安全健康统计中，包括农业工作场所的事故伤害率、死亡人数、十万雇员死亡率、职业病患病人数等内容，也包括种植业、渔业、林业、园艺等相关具体行业的数据。

4. 农业安全管理

（1）立法。目前美国没有制定农业职业安全健康专项法律，但已建立了包括农业生产中的人员、设备、农药等的安全管理、农业生产环境、公共环境的安全管理等各方面要求的农业职业安全健康法律标准体系。

随着美国农业职业安全健康相关法律法规标准的逐步完善和修订（图 5－4），总体安全生产水平稳定好转。

1970 年制定、1971 年生效的《职业安全与健康法》作为美国职业安全与

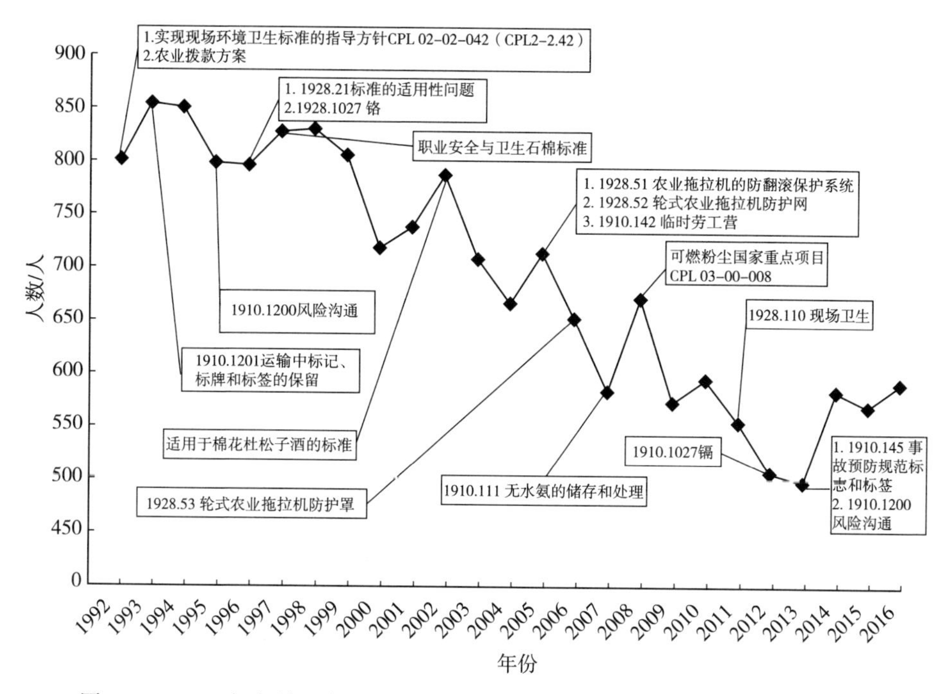

图5-4 1992年起美国农业生产事故死亡人数（方框中为重要农业法规标准）

健康领域在联邦全面实行的法律，规定了美国劳工部长的权力、建立一系列职业安全健康机构、明确雇主责任、规定雇员的权利义务，适用于农业职业安全生产工作。但在《职业安全与健康法》中，并没有明确对农业提出要求，只详尽规定了职业安全健康工作必须遵守的内容，并且提出依据此法制定配套的安全与健康标准。

《职业安全与健康法》中第5条（a）的第一款（通常被称为通用性责任条款）要求雇主“必须为每个员工提供免受可能导致死亡或严重身体伤害的工作和工作环境”，第5条（a）的第二款则要求雇主“必须遵守本法令所颁布的职业安全与健康标准”。基于此，虽然没有像采矿业一样颁布《矿山安全与健康法》，但OSHA制定了《农业职业安全与健康标准》（29 CRF 1928）。同时，由于农业生产中涉及一些工业设备、除农药外的化学品等，因此部分OSHA制定的一般工业职业安全健康标准也适用于农业生产。

总体说来，涉及农业职业安全健康的标准主要包括如下几部分：①职业安全与健康标准，包括农业标准（29 CFR 1928）和一般工业标准（29 CFR 1910）；②序言至最终规则；③指令，职业安全与健康从业人员岗位说明书；④标准解释（官方发布），包括部分现场卫生和防翻滚标准的解释；⑤其他联邦机构的标准和指导书，如环境保护署标准（表 5－8）。

表 5－8　美国部分农业职业安全健康法规标准

序号	法规类别及名称			最后修订年份
1	职业安全与健康标准	《职业安全与健康法》第 5 条（a）		1970
2		农业方面	1928.1 原则和目标	
3			1928.21 标准的适用性问题	1996
4			1928.51 农业拖拉机的防翻滚保护系统	2005
5			1928.52 轮式农业拖拉机防护网	2005
6			1928.53 轮式农业拖拉机防护罩	2006
7			1928.57 农田设备、农庄设备和轧棉机的防护	1976
8			1928.110 现场卫生	2011
9			1928.1027 铬	1996
10		一般工业方面	1910.111 无水氨的储存和处理	2007
11			1910.142 临时劳工营	2005
12			1910.145 事故预防规范标志和标签	2013
13			1910.266 采运作业	2014
14			1910.1200 风险沟通	2013
15			1910.1201 运输中标记、标牌和标签的保留	1994
16			1910.1027 镉	2012
17	职业安全与健康序言至最终规则	镉 第九条		1992
18	指令，职业安全与健康从业人员岗位说明书	可燃粉尘国家重点项目 CPL 03－00－008		2008
19		实现现场环境卫生标准的指导方针 CPL 02－02－042（CPL2－2.42）		1992
20		现场卫生；最终规则 CSP 01－01－019（STP 2－1.138）		1987
21		29 CFR 1910.145（d）（10），低速运行车辆的标志要求 STD 01－07－002（STD 1－7.2）		1978
22		29 CFR 1928.51（a），定义“农业拖拉机”		1928
23		29 CFR 1928.51（b）（1），翻滚。STD 04－00－001（标准 4.1）		1978
24		低位拖拉机 STD 04－00－002（标准 4.2）		1978

（续）

序号	法规类别及名称			最后修订年份
25	职业安全与健康标准解释	轧棉机标准的适用		2002
26		职业安全与卫生石棉标准		1997
27		要求 OSHA 免除动物饲料成分符合 29 CFR 1910.1200（风险沟通）要求的函		1995
28		农业拨款方案		1992
29		俄勒冈州跨部门流动劳工营执法协议		1991
30		1928.110（a）“田间工作者”定义的解释		1989
31		临时劳工营关于牲畜养殖范围的标准		1988
32		职业安全与健康对于保护动力输出装置（美国专利商标局）在农业装备上的轴的要求		1983
33		关于不包括建筑和农业的听力保护法案的修正案		1983
34		OSHA 执法要求中对水产养殖业分类的声明		1982
35		“断电手段”涉及的中心枢轴灌溉系统		1976
36		棉花轧花设备的防护标准		1976
37		农田设备、农庄设备和轧棉机的防护		1976
38		现场卫生	现场环境卫生标准	1991
39			植树造林活动现场卫生标准的适用性	1990
40			现场环境卫生标准，关于不适用此标准的工人	1990
41			OSHA 执行有关农药使用的现场卫生标准和风险沟通标准	1990
42			现场卫生标准的适用性	1989
43			政策变化涉及现场卫生标准的覆盖范围	1989
44		防翻滚标准	用于农业轮式拖拉机的翻车保护系统	1991
45			农业轮式拖拉机翻车保护系统各种标准之间的差异性比较	1991
46			农业拖拉机翻车保护结构 SAE 标准 J2194	1989
47			对用于农业生产的拖拉机翻车保护系统的澄清	1981
48			用于农业生产的滑移转向装载机的翻车保护系统	1976

从表 5－8 中能够看出，美国已经建立了完善的农业职业安全健康法律标准体系，不仅包括农业生产中的人员、设备、农药等的安全管理，还包括对农业生产环境、公共环境的安全管理，每部分都包含了一系列更多更细致的标准。

美国农业职业安全与健康标准（CFR 1928）目录

- 1928 部分 A　总概
  - 1928.1　目的与范围
- 1928 部分 B　标准的适用性
  - 1928.21　29CFR 标准在 1910 部分的适用性
- 1928 部分 C　员工操作规程
  - 1928.51　农业操作中拖拉机翻车保护结构
  - 1928.52　农业轮式拖拉机防护网——程序和性能测试要求
  - 1928.53　农业轮式拖拉机防护罩——程序和性能测试要求
  - 1928 部分 C　应用 A　员工操作规程
  - 1928 部分 C　应用 B　附录 B
- 1928 部分 D　农业设备安全
  - 1928.57　农田设备、农庄设备和轧棉机的防护
- 1928 部分 E　预留
- 1928 部分 F　预留
- 1928 部分 G　预留
- 1928 部分 H　预留
- 1928 部分 I　总体环境控制
  - 1928.110　农场清洁
- 1928 部分 J　预留
- 1928 部分 K　预留
- 1928 部分 L　预留
- 1928 部分 M　职业健康
  - 1928.1027　镉引起的健康问题

根据 OSHA 各部门的职能规定，农业职业安全健康标准由 OSHA 的健康标准计划司负责制定与颁布，由标准执行与达标司监督与检查雇主执行与实施情况，确保这些法规标准能够正确地执行实施而不存在偏差。同时，标准执行与达标司还负责与执行法规标准的雇主建立与保持全面、综合的指导和支持关系，以推动雇主正确执行农业职业安全健康方面的法规标准。

除了上文中提到的职业安全健康标准外，美国农业工程师学会也编制了相关行业技术标准，主要对于农业设备设施安全器件及机具本身的产品安全设

计、人机工程学以及生产手势等方面进行规定。虽然这些标准的主要内容并不是职业安全健康，但对农业生产安全起到了良好的作用，在一定程度上提高了农业生产安全水平。

（2）农机监管。鉴于农机（特别是拖拉机）是农业主要事故伤害来源，美国采取市场驱动、自下而上的标准化工作机制，对农机安全提出了一系列的相应标准，主要对农机的产品设计和安全设计进行规范，严格监管以把控农机产品质量，从源头上确保农业生产安全。

但美国对农机产品质量的监管并不实行全国统一的管理方式，而是由各州根据其情况自行开展工作。以内布拉斯加州为例，1919 年，内布拉斯加州立法机构高票通过了《拖拉机检测法案》，强制性要求针对企业的说明书和广告内容进行试验，至少有一座零部件仓库、一套维修设施，由工程师委员会负责开发试验方法并审查试验鉴定结果，通过试验鉴定的产品获得内布拉斯加州政府的销售许可。2012 年，根据联邦最新的拖拉机相关标准，内布拉斯加州对《拖拉机检测法案》进行了修订，规定任何组织和个人在内布拉斯加州销售 100 马力[①]以上的拖拉机，应满足：申请并获得州农业部批准的销售许可；在内布拉斯加大学拖拉机试验站进行型式试验；型式试验结果通过内布拉斯加大学拖拉机试验工程师委员会认可；提交该型号拖拉机的服务及零配件更换的真实信息，包括区域售后服务商和零配件供应商的名称和地址，零配件订购指南及零配件更换的可能性和限制条件等。同时规定，如果农业从业人员或雇主购买获得了销售许可证的拖拉机，可以享受相关免税政策。该法案也规定，型式试验的样机应从仓库中随机抽取，除在销售中通常装配的配件外不得装有其他特殊配件。

通过鼓励各州采取多种监管手段，推动农机标准的制定、修订，美国农用拖拉机质量得到大幅提升，由拖拉机导致的事故数量也趋于稳定。

（3）农用无人机管理。随着无人机、遥控、智能软件等技术的不断发展，美国的无人机广泛用于土壤与田地的分析、种植、喷洒（农药、肥料等）作物、作物监控、灌溉与健康评估等方面。无人机引入农业生产，大幅提升了美国农业现代化水平与生产效率，但也带来了一系列的安全问题，最典型的就是农用无人机对农业用飞机的安全威胁。除此之外，无人机遥控失灵或能源耗尽，或被飞禽撞击，都会引起坠毁，导致人员财产损失。为此，美国相关部门和机构开展一系列工作，从生产工艺技术、教育培训、安全规范等方面控制农用无人机生产的安全风险。

---

① 马力为非法定计量单位，1 马力≈735.5 瓦。——编者注

国家农业飞行联盟（NAAA）在2015年就呼吁美国社会关注农用无人机的安全问题，在立法和人员资质控制的基础上，通过提高安全意识、推动无人机的网上注册登记、广泛加装广播式自动相关监视（A-DSB）设备等方面，探寻更加有效的解决方案，应对未来几年农用无人机使用量大幅增长带来的安全问题。

2015年，美国农业与生物工程师协会（ASABE）组建成立了一个新的技术委员会——无人机系统（UAS）分会，致力于无人驾驶系统在农业和其他领域技术的开发和数据的处理，并制定相应技术标准。技术标准的统一规范，一定程度上提高了美国农用无人机的安全性。

2016年6月，美国联邦航空管理局（FAA）发布了小型无人机管理规则，明确了55磅[①]以下重量无人机的使用要求，有力推进了美国农业从业者发展精准农业航空。该规则于2016年8月下旬正式生效，其中规定了农用无人机的重量、最大对地时速、最大离地高度、超高飞行间距、飞行条件、飞行前检查要求等。此外，联邦航空管理局规定，无人机操控员必须进行资格考试，具备基础航空知识。美国运输安全管理局（TSA）会对操控员进行安全背景调查。

（4）安全与健康教育培训。美国虽然重视职业安全健康培训，但在农业职业安全健康培训方面相对薄弱。

OSHA的培训与教育司的职责就是开发培训与教育项目，以推动职业安全与健康文化发展，增强雇主与雇员的安全意识，改善和提高雇员工作技能，改进工作场所的安全与健康条件，从而进一步提高职业安全与健康水平。其中包含农业安全方面的项目，但是由于农业从业人员的分散、非雇员情况的存在，这些教育培训并不能像采矿业、制造业一样覆盖到绝大多数雇主和雇员。

这种情况也存在于美国“苏珊·哈伍德培训基金项目”中有关农业行业的各类培训中。虽然这个培训项目对食品加工过程中水果或蔬菜保存方面职业危害、家禽加工业人类工效学方面进行有针对性的培训服务，也专门面向小企业进行了安全与健康管理体系培训，但其培训覆盖面在农业方面仍有所不足，培训内容也并不完善。

（5）科研中介机构。美国政府和企业都高度重视职业安全健康科研工作，因此美国的职业安全健康科研机构众多。但相较于制造业、建筑业、采矿业等行业，农业职业安全健康方面的专门研究机构和部门相对较少。

---

① 磅为非法定计量单位，1磅≈0.454千克。——编者注

美国最主要的农业职业安全健康研究机构是美国国家职业安全与卫生研究所（NIOSH）下属的农业疾病、伤害研究教育预防中心，其成立目的是保护农业劳动者及其家庭的职业安全健康，并于1990年被确立为美国疾病控制与预防中心（CDC）/NIOSH农业健康与安全倡议的一部分。该中心以建立合作协议的方式开展研究、教育和预防项目，开发和评估伤害控制技术，制定预防机制，研究预防方法，以解决美国紧迫的农业职业健康安全问题。

在地理上，该中心依托美国农业健康和安全问题存在的不同区域，与一些大学、机构，如科罗拉多州立大学、加州大学戴维斯分校、艾奥瓦大学、肯塔基大学、明尼苏达大学、得克萨斯大学泰勒健康科学中心、华盛顿大学、内布拉斯加大学、国家儿童中心、纽约健康安全研究中心等进行合作，成立了相关的研究中心，包括中央国家农业安全健康研究中心、大平原农业安全健康研究中心、高原内陆农业安全健康研究中心、东北农业健康中心、太平洋西北农业安全健康研究中心、东南农业安全健康研究中心、西南农业安全健康研究中心、中西部农业安全健康研究中心、西部农业安全健康研究中心、国家儿童中心农村与农业职业安全健康分中心。

除此之外，成立于1913年的美国国家安全理事会是美国国会承认的非官方、非营利性的联邦公共服务机构，理事会涉及的行业领域包括农业。理事会由12个处组成，主要的业务范围除了发布信息和提供咨询之外，也进行职业安全咨询、教育、培训和科研工作，同时制定和颁布高标准的职业安全大纲。

二、澳大利亚

1. 农业发展概况　澳大利亚作为国际上的主要农产品供应国之一，国土面积约769万千米^2，其中农业用地约占60%，农业是其赖以生存的支柱产业之一。

澳大利亚农业生产基本单位是农场，规模从50公顷到几千公顷不等。2007年统计数据显示，澳大利亚农业产值在5 000澳元以上的农业企业（农场）约有1.5万个，农场总面积42 544.9万公顷，农作物种植面积2 335万公顷。澳大利亚的农场中，94%以上是家庭农场，其余为公有或私营公司所有，以独家所有和合伙所有为主要所有制形式。农场主及其家庭成员是农场的主要劳动力，只在农忙时，请一些人做辅助工作，大部分农业活动使用农业机械完成。

澳大利亚农业主要可以划分为四个阶段：

(1) 开拓阶段。以解决生存问题为主要目标，尚无完整的发展规划，自由发展。

（2）目标农业阶段。针对社会需求，确定生产目标，制定并组织实施生产计划，引入农业科技解决生产中存在的实际问题。

（3）效益农业阶段。通过大量采用现代科学技术，不断提高农业科技含量，提高农业生产效率，农业得到迅速发展，产量大幅度提高。

（4）可持续发展阶段。采用现代农业生产技术和环境保护技术，合理有效地开发利用土地资源，保证农业生产持续稳定发展。

目前，澳大利亚已经进入可持续发展的农业阶段，农业生产水平位居世界前列。

2. 农业安全生产情况　近 20 年，澳大利亚农业生产安全情况相对较为稳定，由于自然灾害影响，安全生产形势依然严峻。以 2008 年为例，东海岸风暴和洪灾导致了大面积农田受损及人员伤亡。

据统计，2003 年起澳大利亚作业场所死亡人数一直低于 300 人，近 5 年则持续小于 200 人，十万从业人员死亡率在 1.1～3，基本保持稳定。2018—2019 年，澳大利亚全行业十万从业人员死亡率（图 5－5）为 1.4，农林渔业为 9.1，是全行业平均水平的 6.5 倍；运输仓储业为 8.7，是全行业的 6 倍左右。从 2015—2019 年死亡人数来看，农业和运输仓储业从业人员死亡人数（图 5－6）也位居前两位。

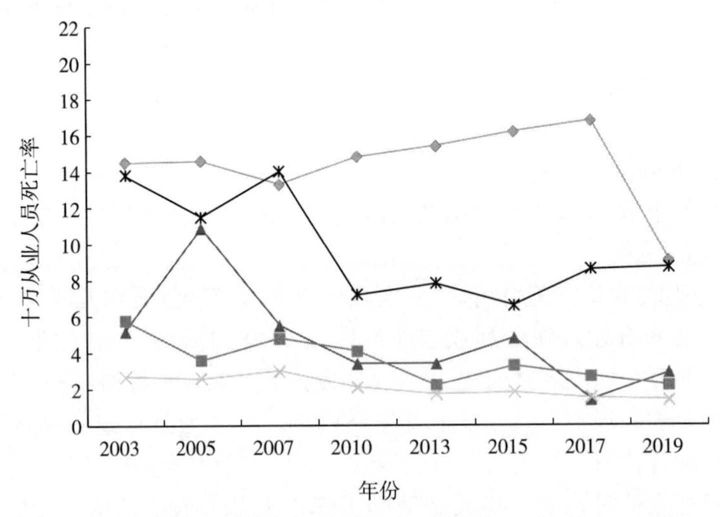

图 5－5　澳大利亚全行业十万从业人员死亡率（2003—2019 年）

2015—2019 年，澳大利亚农业有 174 名工人死亡，占所有工人死亡人数的 19%。以农业产业细分统计，绵羊、肉牛和谷物养种产业死亡人数占死亡人数的一半以上，65 岁及以上的工人占农业行业死亡人数的 1/3，是同一时期和同一年龄组所有行业死亡人数的两倍，这在一定程度上是由农业劳动力老龄化导致的。另外，5 年内 68%的死亡事故原因涉及农业机械，其中最主要的是拖拉机（23%）和四轮摩托车（14%）。

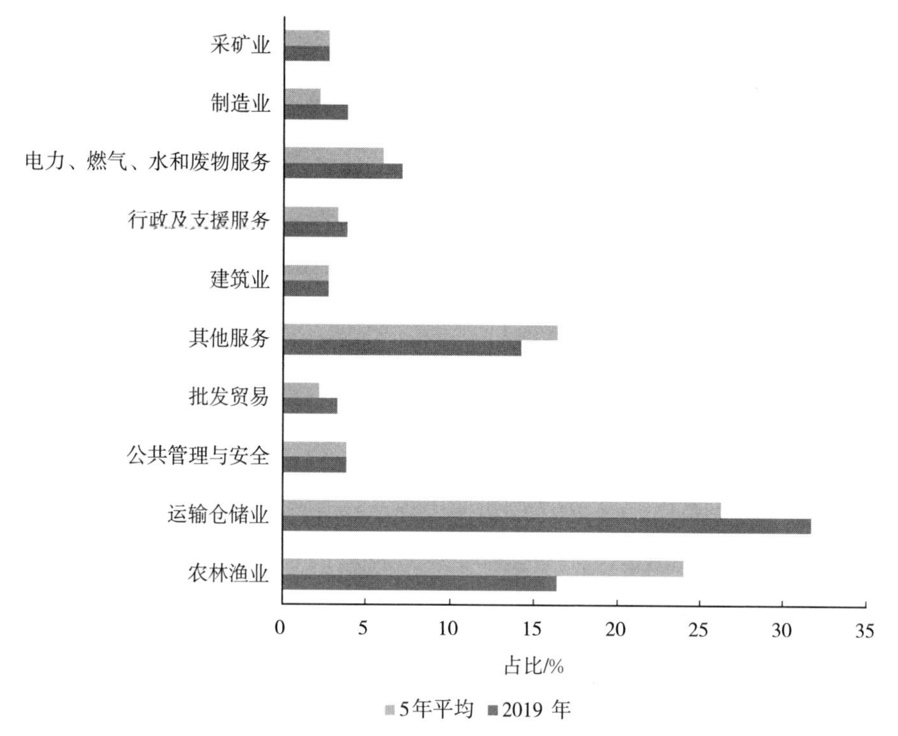

图 5-6　澳大利亚 2015—2019 年全行业死亡人数占比（前十位）

基于严峻的生产安全形势，澳大利亚采取了相应的措施来加强农业职业安全健康水平。

3. 农业安全相关部门　澳大利亚农业管理部门包括农渔林业部和国家职业安全与健康委员会。

（1）农渔林业部。1996 年以前，澳大利亚主管农业的政府机构是初级产业与能源部，主要分为两大部分：初级产业和能源资源。该部共有 7 个局，其中与农业有关的部门有农业林业局（下设畜牧与草原处、农作物处、自然资源管理农村调节与服务处等），农业与资源经济局（下设农业与资源经济分析处），检疫和监察局（下设检疫和监察处），农村资源局（下设农村研究处），矿产与渔业局（下设渔业处）。

1996年，澳大利亚将初级产业与能源部调整为农渔林业部。新成立部门统一协调农林牧渔业的综合管理，并根据国内外市场变化情况以及促进农产品出口的需要，强化和增加了农产品加工、食品安全、农产品质量标准制定和动植物检疫、农产品贸易以及资源保护和可持续发展方面的管理职能。但部门职责中仍旧没有职业安全健康方面的职责。

（2）国家职业安全与健康委员会。澳大利亚国家职业安全与健康委员会是一个法定团体，由政府官员、雇主和雇员代表组成，主要任务是通过引导与协调国家关于防止职业死亡、工伤和疾病的各项工作，实现提高整个国家职业安全和健康水平的目的。同时，承担制定规划、计划、标准及政策等责任，并与各州政府合作制定法律。2003年，为了加强委员会地位，进行了委员会部门整合，其中设立了农业和兽医化学药品部，职责是依据国家注册机构的合同要求工作，负责化学药品规则和预防其危害方面的工作。

为了推动澳大利亚工作健康与安全的改善，澳大利亚国家职业安全与健康委员会发布了《2012—2022年澳大利亚工作健康与安全战略》，其中将农业与道路交通运输和建筑业一并列为需要着重关注行业领域，并在年度统计报告中设置独立篇章。

4. 农业安全管理

（1）立法。由于国家制度原因，澳大利亚没有国家级的农业安全法律，相关法律法规制定及职业安全健康监管工作由各州和地区自行开展，联邦政府只对政府雇员立法。

因此，无论是《1991年职业安全与健康（联邦政府雇员）法》，还是《1985年国家职业安全与健康委员会法》和《1988年安全、康复和补偿法》，都有一条规定是保留各州和地区政府已建立的关于职业安全与健康方面的法规。这种规定有助于各州和地区依据本管辖区域的实际情况，制定适用性更强的法律法规。新南威尔士州在其《职业安全与健康法》的基础上，制定了《1969年农民工人调节法》。同时，2000年修订的《职业安全与健康法》中明确将“自我就业人员”纳入管理，也就是说家庭农业人员也开始受到新南威尔士州职业安全健康方面的监管。西澳大利亚州《1984年职业安全与健康法》中规定，此法适用于农场、林业和渔业。

为了解决缺乏统一法令带来的安全管理工作混乱，2012年，澳大利亚颁布实施了《工作健康安全示范法案》（Model Work Health and Safety Act，WHS示范法）和《工作健康安全示范法规》（Model Work Health and Safety Regulations，WHS示范法规），首次统一了工作健康安全示范法律体系。联邦、各州、地区按照此法案建立本辖区的工作健康安全法律。目前，除维多利亚、澳大利亚西部还未按照工作健康安全示范法律颁布实施相关法案法规外，其余7个辖区均已按照工作健康安全示范法律体系颁布实施工作健康安全法案、工作健康安全法规和相应的支持性材料（条例、指导材料等）。这种统一的工作健康安全法律也对农业职业安全健康相关条款的修订完善建立了良好的基础，其统一化的规定也体现在了澳大利亚对一系列农业安全指南文件的修订中。

（2）澳大利亚农业健康安全中心。为了进一步提高农业职业安全健康水平，澳大利亚卫生部资助，在新南威尔士州的悉尼大学内设立了澳大利亚农业健康安全中心（Australian Centre for Agricultural Health and Safety），该中心也是澳大利亚农村卫生研究合作成员之一。中心内设的国家农业伤害数据中心对澳大利亚农场的人员伤亡和死亡率进行统计和研究，积极寻求减少农业从业人员伤害的方法。同时，该中心也向农业人员提供关于各类农业伤害和自然灾害的信息和防控建议，发布应急计划，进行面向不同人员和工种的职业安全健康教育培训等。

此外，澳大利亚农业健康安全中心联合澳大利亚农场安全协会（Farmsafe Australia）通过教育培训告知农场管理人员开展农场安全管理情况记录对维持良好的生产安全水平十分必要。中心会提供模板和样例，指导农场采用标准格式进行农场安全管理记录。主要包括农场安全行动计划、工人的安全感应和培训登记、损伤和附近相关事件记录、农用化学品存储记录、农药应用程序记录、石棉注册、密闭空间进入许可证、机械维修登记、灭火器维修记录、急救箱检验记录、恢复和电器检验试验记录。

通过培训农场主填写模块化的安全管理记录，一方面，中心能够方便完整地收集农场职业安全健康方面的数据；另一方面，农场能够以此为依据开展标准化、模块化的安全管理，这对于没有专业安全管理部门或人员的中小型农场和家庭式农场来说是十分必要的。

澳大利亚农场安全管理资料清单

第一部分　农场工作健康安全

1. 工作健康与安全简介——介绍农场安全的主要原理
   - 简介工作健康与安全
   - 工作健康与安全法规要求

2. 工作健康与安全政策和计划——帮助所有人管理企业中的健康与安全

- 工作健康与安全政策
- 工作健康与安全计划

3. 与工人的安全咨询——协助定期报告危害，确定安全培训需求和工人发现的问题

- 与工人进行安全咨询

4. 危害清单——帮助查找所有类型农场的常见安全隐患，并提供使农场更安全的安全行动计划

- 拖拉机清单
- 灌溉泵和马达清单
- 机械检查表
- 车辆清单
- 摩托车、四轮车和并排车辆清单
- 工作场所清单
- 化学品、化肥和农药清单
- 无水氨清单
- 农场基础设施清单
- 野外和围场清单
- 农场设备清单
- 培训和入职清单
- 紧急情况和准备清单
- 伤害管理和复工清单

5. 特定事物清单

- 棉花采摘清单
- 牛场清单
- 剪羊毛棚清单
- 包装棚清单
- 果园操作清单
- 樱桃采摘机清单
- 水产养殖场检查清单
- 水产养殖池和增氧机清单
- 水产养殖饲料储存和运输清单

- 乳业专用农场安全入门工具包

6. 工作健康与安全行动计划

- 工作健康与安全行动计划

7. 培训登记——帮助保存员工培训的记录

- 安全培训登记册

8. 伤害记录——这将帮助您保存伤害记录，从发生的伤害中学习并改进以防止再次发生

- 伤害登记和通知

9. 疲劳管理——所有农场必须在其安全计划内进行疲劳管理

- 疲劳自我评估工具
- 解决农场疲劳的步骤

10. 农场安全指南——提供多种安全指南，找到针对农场上所有常见安全风险的正确解决方案。查看标题，能够找到常见危害的解决方案。这些方案已经得到了行业的认可

- 拖拉机安全操作
- 在澳大利亚农场安全使用四轮驱动车和并排车辆
- 农场工作场地安全
- 农机防护
- 谷物搬运安全
- 护粮器
- 农场中儿童的安全
- 人机工程学和农场人工操作
- 农场的马
- 农场有机物粉尘
- 农药
- 枪支安全
- 高温热害
- 紫外线辐射安全
- 农场管理压力

11. 特定事物指南

- 棉花农场职业健康安全——摘要指南
- 棉花收获安全
- 棉屑

- 牛的处理安全性——实用指南
- 粮食农场职业健康安全——摘要指南
- 羊毛安全——实用指南
- 甘蔗种植职业健康安全——摘要指南
- 包装棚中的健康和安全
- 鳄梨（牛油果）种植和包装指南

第二部分　农场安全入职培训

1. 安全入职培训模板——为农场工人和承包商提供安全入职培训指南和视频

2. 入职培训手机应用 APP

   农场安全入职培训软件

3. 工人入职培训材料

   - 农业工人安全入门
   - 农业工人安全入门——谷物收割
   - 农业工人安全入门——棉花
   - 农场工人安全入门——肉牛
   - 农场工人安全入门——绵羊和羊毛
   - 农业工人安全入门——园艺
   - 农业工人安全入门——园艺采摘
   - 农业工人安全入门——园艺包装棚
   - 农场工人安全入门——甘蔗
   - 农业工人安全入门——水产养殖

4. 承包商培训材料

   - 农场承包商安全培训
   - 农场承包商安全培训——谷物
   - 农场承包商安全培训——棉花
   - 农场承包商安全培训——园艺
   - 农场承包商安全培训——甘蔗

5. 安全视频

   - 安全入门
   - 拖拉机动力输出（PTO）安全
   - 农场车间安全

- 安全储存燃料
- 灌溉泵安全

第三部分 农场应急计划

即使为防止发生工作健康与安全（职业健康安全）事故而采取控制措施，还是有可能发生。例如，可能会起火，有人可能会被电击，机器夹住或受伤，或暴露于杀虫剂或化学药品中。必须为任何可预见的事件做好准备。

1. 农场应急计划

应急计划的目的是最大程度地减少危险事件的影响。在制定应急计划时，必须考虑：

- 农场的大小和位置
- 农场的危害
- 正在完成的工作
- 农场中生活的工人和其他人员的数量

2. 应急预案内容

紧急计划应包括：

- 紧急程序
  - ➢ 对紧急疏散程序的有效反应
  - ➢ 告知紧急服务的通知程序
  - ➢ 医疗和协助
  - ➢ 协调紧急响应人员与工作场所所有人之间的沟通程序
- 测试紧急程序以及执行频率
- 如何向工人和承包商提供有关实施应急程序的信息、培训和指导

第四部分 农场安全记录

保持农场安全管理记录非常重要。

以下文档将下载 MS Word 模板，以便在农场上保存农场安全措施和其他职业健康安全记录。

- 农药使用记录
- 石棉登记册
- 密闭空间进入许可证
- 机械维修登记簿

- 灭火器保养记录
- 急救箱检查记录
- 剩余电流装置（RCD）和电器检查和测试记录

第五部分　培训资源

1. 入门级农场工人的入职前安全培训

这个项目为年轻和没有经验的农场工人提供农场健康和安全的介绍。

它可以由一些组织提供，如劳务公司和培训组织，这些组织具有农业、职业健康安全的实际知识，并拥有评估和培训的四级证书。主要培训内容包括：

- 工人职业健康安全职责
- 沟通工作场所的安全
- 识别危害和风险的基本风险管理原则
- 澳大利亚农场常见危害及其控制
- 农场紧急情况和应急程序
- 报告受伤和未遂事件
- 何处获取职业健康安全信息

2. MFS 农场安全管理

MFS 农场安全管理培训计划由澳大利亚 AgHealth 公司开发，并由澳大利亚农场安全网络内的认证讲师在全澳大利亚范围内提供。

（3）农机监管。与美国相似，澳大利亚的农业机械化水平也非常高，因此在农机安全监管方面也投入了大量精力，主要是通过实施快速折旧优惠税等税收政策来鼓励农业机械的使用和更新，以确保机械安全。

早在 19 世纪上半叶，澳大利亚就引进西欧的农业机械和技术，继而开始生产和使用适应本国生产条件的畜力农机具。19 世纪 80 年代末至 90 年代初，逐渐开始绵羊剪毛机械化。20 世纪 30 年代开始进行甘蔗收获机械化。1939 年全国拥有农用拖拉机 4.2 万台，70 年代达到 33 万台，基本实现了全面的农业机械化。目前，澳大利亚的农机保有量与 20 世纪 70 年代基本一致。

在这种全面农业机械化的条件下，澳大利亚主要通过税收政策鼓励农业机械的使用和更新，以开展农业机械的安全管理。例如，实施快速折旧优惠税，以鼓励大型农业机械的定期更新，即农场主购买新的农业机械，可以通过快速折旧的方式，加大年度分摊成本，进而使其应纳税金额相应减少。

另外，澳大利亚政府颁发了严格的农业机械安全标准，对职业健康和人身安全等方面作出了详细的技术要求，并规定对上路行驶的拖拉机实行牌证管理。为了促进安全标准的执行，以昆士兰州为例，2004 年要求农场主对老式的拖拉机加装防翻滚装置，给予 250 澳元/台的改装补助，补助比例约 30%。随着装置普及，2006 年补助金额则合理降低至 150 澳元/台。对于不改进机械安全性能的农场主，则予以警告，乃至重罚。

（4）教育培训。澳大利亚十分重视农业从业人员的教育和技能培训，通过资助职业教育，提高农业劳动者素质，一方面提高劳动生产率，一方面也有助于提高职业安全健康水平。

从 1997 年起，澳大利亚在 4 年内投入 1.79 亿澳元实施“农业推进澳大利亚”战略，其中，0.97 亿澳元由政府向从事农业生产的所有人员，包括农场主、家属、雇工提供资助，用于提高生产技能和农场管理水平。这种培训虽然是以加强农业生产水平为目的，但对于农业职业安全健康起到了直接有效的推动作用。

（5）灾害应急管理。由于自然条件影响，澳大利亚农业应急主要依托于政府灾害应急体系，并辅助巨灾保险等措施，主要是农业灾害和自然灾害应急。

澳大利亚联邦政府应急管理署（EMA）是澳大利亚政府最高应急管理部门，其前身是 1974 年 2 月成立的隶属于联邦国防部的自然灾害组织（NDO），以自然灾害和人为突发的技术事故的应急管理为主要工作任务。其主要职责包括强化国家应急管理能力，制定联邦层面应急管理法规和应急处置相关事务；与各州政府沟通，帮助州政府处理辖区内应急处置工作，提高地方的应急管理能力和意识；代表联邦政府在环太平洋地区开展应急救援等对外交往工作。

设立了“联邦—州和地区—社区”的三级应急管理体系，建立了一套指导灾害规划和管理的概念和原则——“四个概念”和“六个原则”。其中，“四个概念”为：①全灾害方法，即无论是何种灾害或紧急状态，灾害应急管理面临的任务是相似的；②综合的方法，即灾害应急管理应有预防（prevention）、备灾（preparedness）、响应（response）、恢复（recovery）四个基本要素（PPRR）；③所有机构的方法，即防灾减灾安排是基于所有相关机构、各级政府、非政府组织和社区间的积极的“伙伴关系”；④充分准备的社区，即在灾害管理的 PPRR 中，社区是最基本的焦点，社区对可能发生的灾害应有充分准备。灾害管理的“六个原则”是：适当的组织机构、指挥和控制、支援的协调、信息管理、及时启动、有效的灾害应急方案。

“四个概念”和“六个原则”不是强制性的国家法律条文，但是作为指导意见被澳大利亚各州政府广泛接受。其对于应急管理的关键思想和基本要点被纳入了各州相关的法律条文中，从而具有强制性特征。

在健全管理的基础上，EMA 组织一批专家学者和有经验的灾害管理者在 1989 年出版澳大利亚应急技术参考手册。之后不断地充实、修订和扩展手册的系列内容。这些技术手册内容丰富全面，理论与实践相结合，针对性和适用性强。EMA 将这些手册下发到各州应急管理机构、农村社区组织及学校，作为应急教育培训的基础教程，对农户进行培训，提高其防灾减灾和应对事故的能力。手册也为农户应对安全生产事故提供了帮助，在一定程度上有利于提高农户综合安全生产素质。

同时，澳大利亚采取“政府主导、民间参与、保险支撑”的运行方式，通过巨灾保险，实施自然灾害救助及灾后重建计划。针对自然灾害引起的巨灾（旱灾除外），设立专项资金，根据灾害事件的性质和发生区域，为农村社区和个体农户提供灾后援助。

三、国际劳工组织（ILO）

1. 国际劳工组织公约 为了提高与农业相关的危害和风险意识，预防职业事故和职业病，鼓励和促进各国、各部门在农业职业安全与健康方面采取更积极的态度和行为，ILO 自 20 世纪中叶起，发布了一系列农业劳动监察方面的公约文件。包括：

（1）《1969 年劳动监察（农业）公约》（第 129 号）（Safety and Health in Agricultural Work，1969，No. 129）。已废止。

（2）《1969 年劳动监察（农业）建议书》（第 133 号）（Safety and Health in Agriculture Convention Supplementing Recommendation，1969，No. 133）。已废止。

（3）《2001 年农业中的安全与卫生公约》（第 184 号）（Safety and Health in Agriculture Convention，2001，No. 184）。

（4）《2001 年农业中的安全与卫生建议书》（第 192 号）（Safety and Health in Agriculture Convention Supplementing Recommendation，2001，No. 192）。

第 184 号公约一共分为 4 章 29 条，明确了公约规范范围和适用条件，在预防和保护措施中除了提出了一般性防护要求，还从农机安全与工效学、材料搬运和运输、化学品安全管理、接触牲畜和防止生物危险、农业设施等方面提出了具体的保护性要求。针对农业生产作业中不同类型的工人，提出从事对身体有害工作的工人必须年满 18 周岁，并提出了临时工和季节工人、女工的权益保障要求。此外，公约中还对福利设施和膳宿设施、工时安排、工伤和职业病覆盖的内容进行了规范。

为了更好地落实第 184 号公约，ILO 就农业安全与卫生问题通过了若干建议，以第 192 号建议书的形式予以发布。第 192 号建议书一共包括 4 章 15 条，作为第 184 号公约的补充文件，对第 184 号公约中的各项要求进行详细的说明，并提出雇主、雇员、政府、相关机构的管理监督落实建议。

此外，ILO 持续关注农村、农业和农民的劳动权益保障，在一系列公约中将广泛的农业安全纳入其中，提出了特殊农业行业领域和从业人员（如渔夫、伐木工人、种植园工人、佃农等）职业安全健康、家庭作业的职业健康安全、农村工人结社权、农民工社会保障、农业居住条件、最低工资待遇等方面的保障建议（表 5-9）。这些公约中提出的要求不仅直接规范了农村、农业、农民在生产活动中工艺技术、设备设施、个体防护措施等基础职业健康安全保障水平，也能够在一定程度上避免超量工作、薪酬过低等引发不良情绪导致的操作违规和失误，减少从业人员发生事故的可能性。

表 5-9　ILO 关于农村、农业、农民职业健康安全的部分公约清单

主题		状态	序号	名称
1. 结社自由、集体谈判和劳资关系	1.2　结社自由（农村、非城市区域）	现行	第 141 号	《1975 年农村工人组织公约》
			第 149 号	《1975 年农村工人组织建议书》
		临时	第 11 号	《1921 年结社权（农业）公约》
3. 消除童工和保护儿童和青少年	3.1　关于童工的基本公约（及相关建议）	现行	第 138 号	《1973 年最低年龄公约》
			第 146 号	《1973 年最低年龄建议》
		过期	第 10 号	《1921 年（农业）最低年龄公约》
10. 工资		临时	第 99 号	《1951 年最低工资（农业）公约》
			第 89 号	《1951 年最低工资（农业）建议书》
11. 工作时间	11.1　工作时间、每周休息和带薪休假	过期	第 101 号	《1952 年带薪假期（农业）公约》
			第 93 号	《1952 年带薪假期（农业）建议书》
	11.2　夜班	索取	第 13 号	《1921 年妇女夜间工作（农业）建议书》
13. 社会保障	13.1　综合标准	现行	第 102 号	《1952 年社会保障（最低标准）公约》
		临时	第 17 号	《1921 年社会保险（农业）建议书》

（续）

主题		状态	序号	名称
13. 社会保障	13.2 社会保障不同部门提供的保护	现行	第 130 号	《1969 年医疗和疾病福利公约》
			第 134 号	《1969 年医疗保健和疾病福利建议》
			第 128 号	《1967 年伤残、老年和遗属福利公约》
			第 131 号	《1967 年伤残、老年和幸存者福利建议书》
		临时	第 12 号	《1921 年工人赔偿（农业）公约》
		过期	第 25 号	《1927 年疾病保险（农业）公约》
			第 38 号	《1933 年伤残保险（农业）公约》
			第 36 号	《1933 年（农业）老年保险公约》
			第 38 号	《1933 年伤残保险（农业）公约》
			第 40 号	《1933 年幸存者保险（农业）公约》
15. 社会政策		索取	第 82 号	《1947 年社会政策（非城市区域）公约》
19. 渔民		现行	第 188 号	《2007 年渔业工作公约》
			第 199 号	《2007 年渔业工作建议书》
		索取	第 126 号	《1966 年船员（渔民）住宿公约》
		待修订	第 113 号	《1959 年体检（渔民）公约》
			第 114 号	《1959 年渔民协定公约》
			第 125 号	《1966 年渔民能力证书公约》
			第 126 号	《1966 年职业培训（渔民）建议书》
22. 特定类别的工人		现行	第 110 号	《1958 年种植园公约》
			第 110 号	《1958 年种植园公约》《1982 年议定书》
			第 110 号	《1958 年种植园建议书》
			第 132 号	《1968 年租户和佃农建议书》
		索取	第 83 号	《1947 年劳工标准（非城市区域）公约》
		撤回	第 16 号	《1921 年居住条件（农业）建议书》

2.《农业安全与卫生业务守则》 《国际劳工组织业务守则》（The ILO Code of Practice）是为特定行业或专题领域提供实践指导的技术标准，通常作为现行标准，尤其是公约和建议的补充，但并非公约，因此没有约束力。这类技术标准性的守则详细提供了职业安全与健康方面的技术建议，涉及特定行业和专题领域的相关危险和风险，以及提供如何有效管理和控制的建议，来预防

职业病和生产事故。因此，为了更好地指导成员国开展农业职业安全健康管理工作，提高农业职业安全健康水平，根据国际劳工局理事会 2007 年 3 月第 298 次会议和 2009 年 11 月第 306 次会议作出的决定，2009 年 11 月，日内瓦举行了农业安全与卫生专家会议，以审议《农业安全与卫生业务守则》（以下简称《守则》）草案。《守则》制定的目的在于改善农业职业安全与健康，是对第 184 号公约和第 192 号建议书的补充，并为其提供进一步的实际适用性指导。《守则》以国际劳工组织农业和多项其他相关公约、建议为基础，针对农业中出现的一系列职业安全与卫生风险提供适当的应对策略指导，尽可能防止所有农业工作者发生事故和罹患职业病。同时，还指导主管当局、雇主、工人及工人组织改善农业中的职业安全健康与卫生，对于缺少国内立法和指导的国家，能够起到指导改善农业中的职业安全与健康的重要作用。

《守则》内容主要包括 20 章，对农业中职业安全与卫生的特征进行分析，并基本涵盖了农业安全生产中主要风险因素，如个人防护设备、人体工程学和材料的处理、化学品、粉尘和其他颗粒物以及其他生物暴露、噪声、震动、农业设施、人员设备和物料的运输、饲养动物、天气和环境、福利设施等。另外，对国家职业卫生安全与卫生框架、管理制度、教育培训、意外事故和应急准备、工作场所健康进行了建议性的规范要求。同时，也针对农业职业安全与卫生的推广活动提出建议，从主管当局、社会组织、三方配合、媒体宣传和国家职业安全与卫生计划等方面强调推广活动对于推动建立农业职业安全与卫生文化的重要意义。

3. 其他文件　ILO 和国际人类工效学协会（IEA）合作，通过搜集并总结世界各地的典型农业生产中的工效学改进实例，共同撰写了《农业工效学检查要点》，并于 2014 年修订出版了该手册的第 2 版。手册中提炼了 100 个具体的检查要点，配图展示了实用、有效且低成本的改进实例，主要包括物料的储存和处理、工作台和工具、农机工具安全、农用车辆、物理环境、危险化学品控制、环境保护、福利设施、家庭和社区合作、工作组织和工作安排等十大类内容。

此外，ILO 在研究最新国际经验的基础上制定形成了《1998 年林业安全卫生规程》，旨在保护工人不在林业工作中遇到危险，防止或减少得职业病或受伤事故。这一规程的发布，为没有专门林业法规规章的国家地区和雇主提供了专业标准的帮助，也促进了有相关法规规章的国家地区和雇主完善现行标准，更好地保障林业从业人员的健康安全。该规程涵盖了所有工种的林业工人，包括事故发生率高于平均水平的群体（比如承包人、个体户和林农），具体适用于：影响林业从业人员职业安全健康权益的机构组织；雇主、雇员、工作场所管理人员、承包商和个体从业人员；所有林业生产经营活动（包括造林和森林更新、营林和森林保护、木材采伐和运输等）；可以供风景园艺人员和其他从事与森林以外的树木有关工作的人员参考。ILO 认为安全问题不能在事故发生以后再来解决，也不可能随时推陈出新，因此，在该规程的编制过程中，相关人员并没有将重点放在林业安全技术措施和安全操作规程的细节全覆盖，而更多地强调林业生产经营应当建立最基础的安全意识——无论是在政府监管、企业管理还是工作场所作业方面，提出了将安全与企业管理相融合的林业安全管理体系架构思想，指出培训和技能认证是保障林业安全生产的关键条件，并针对木材采伐和一些高危险性作业提供了通用性技术指南，如树上作业、采伐风倒木和森林灭火等。

四、其他国家

1. 英国

（1）农业发展概述。英国国土面积为 24.4 万千米^2，耕地占 26.41%，人均耕地面积为 0.1 公顷，灌溉面积为 1 080 千米^2，永久性牧场 1 105 万公顷。1994 年，英国的农业人口为 104 万，2001 年为 105 万，农业经济活动人口为 51 万，占经济活动总人口的 1.8%，2010 年后这一比例则已降至 1%。这个比例在所有发达国家中是最低的。

英国的农业符合高效的集约化、机械化的欧洲农业标准，只用 1%的劳动力就能生产全国所需的 60%的农产品，主要产品为谷物、马铃薯、蔬菜、牛、羊、禽和鱼。

得益于其雄厚的工业实力和成熟的工业化技术，英国在 20 世纪初开始推动农业、农村信息化技术的应用。20 世纪 80—90 年代，传真技术就已经在英国农业、农村中得到应用和普及。21 世纪英国政府先后启动了“家庭电脑倡议”计划和“家庭培训倡议”计划，促进了农村家庭上网的快速普及。据英国国际农业科技中心统计，目前英国农场 100%拥有电脑，99%能上网，超过 50%的农民通过互联网的运用获得收益。得益于信息化互联网技术在农村农业范围内的广泛普及，集卫星定位、自动导航、遥感监测、传感识别、智能机械、电子制图等技术于一体的精准农业在英国得到全面发展。目前，英国已经有超过 1/5 的农场全面实现精准农业生产，其余农场也都不同程度地应用了精准农业技术。

（2）农业安全管理。18 世纪后半叶，工业革命于英国开始，并逐渐扩散至欧洲大陆和美国，工人们每天进行长时间工作，并暴露于危险机械和物质中。死亡率、受伤率和疾病率很高，职业安全健康问题开始进入公众视角。矿山领域的立法始于1842年，在接下来的120年中，与工厂和矿山有关的法律不断增加，而铁路业、建筑业、农业和核场地等其他行业也逐渐被纳入职业安全与健康的控制范围，在各行业内设置单独的监察机构。

20世纪50年代末以前，英国职业健康安全的法律没有覆盖到农业；直到1981年，也没有要求对农业事故进行统计上报。此后，通过一些机械、就业、化学品使用等方面的法规，英国政府开始对农业相关工作进行部分管辖，但仍旧没有形成体系化的监管机制，而是更多地通过综合监管进行风险控制和教育宣传。

1975年，英国健康与安全执行局（Health and Safety Executive，HSE）将农业随着工业、矿山和采石场、炸药及核工业调整到英国卫生与安全委员会及另外三个独立小版块进行管辖。随着机构调整，在HSE下逐渐形成了两个主要部门，其中之一就是涵盖“传统”健康安全（包括工厂、建筑和农业）的实地执行局（FOD），其主要工作是进行教育和职业卫生监察。随着监管工作的逐步规范化，英国农业安全生产水平有所提升，但其十万雇员死亡率仍是英国行业领域事故率最高的。统计数据显示（图5-7、图5-8），农业作业是英国各行业领域中安全生产状况最差的领域，2017—2018年，英国共有33人在农业作业中丧生，是各行业领域死亡率平均水平的18倍。

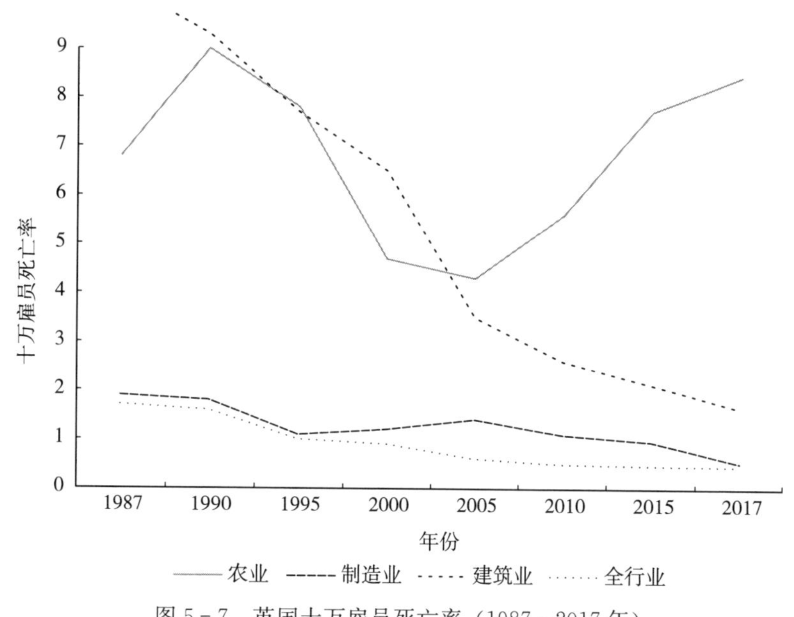

图5-7　英国十万雇员死亡率（1987—2017年）

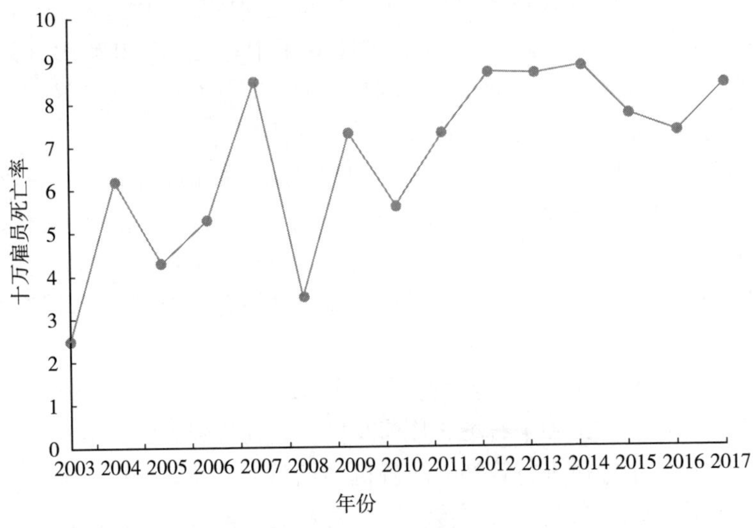

图 5-8　英国农业产业十万雇员死亡率（2003—2017 年）

按照英国《1974 年工作健康与安全等法案》规定，雇主和承包商有责任在合理可行的范围内保护员工和其他可能受工作活动影响的人的健康与安全。1999 年《工作场所健康与安全管理条例》要求所有共用一个工作场所（包括临时共用）的雇主相互合作、协调工作，确保每个人都能遵守法律要求，确保作业安全。因此，农业生产经营被依法纳入英国职业安全健康监管的范畴。但具体监管工作中，英国主要是在安全与健康宣传日组织当地农业生产者参加活动，并规定，如果他们积极出席和参加活动，将不会被优先列入检查名单。

2017 年英国发布了《农业健康与安全基础指南（第三版）》，该指南中提供了适用于农业雇主、雇员及个体农业经营者的健康安全标准，并指导其辨识原因、消除隐患、控制风险。该指南涵盖针对农业或园艺经营者的健康安全管理要求，概述各类操作人员在农业行业工作中的具体风险，并提供易于遵循的实用建议，以确保农业生产工作中的安全和健康。特别是针对农业生产中普遍存在的“雇主及其家庭成员＋雇工”或“合伙经营”模式，指南中规定作业人员无论是否纳税和参与社保都不影响其拥有职业健康安全权益，即健康和安全法适用于任何经营模式的雇主。例如，雇主的某个家庭成员在雇主所经营的农场工作、被分配工作任务、使用雇主提供的工具材料，无论他是否有收入、收入是否纳税、是否缴纳社保，出于健康和安全目的，他仍旧会被视同雇员，需要雇主为他提供必要的职业健康安全保障。

英国农业健康与安全基础指南（第三版）

目　录

近几年，英国希望能够通过法律法规的严格执行和落实，来有效降低农业作业事故的发生。2019 年 1 月 8 日，HSE 发布通知，将开展全国农业作业职业安全健康检查工作，重点对农业特种作业风险防控状况进行检查，主要内容包括机械作业安全、高空坠落防范、农场儿童安全保护及家禽家畜安全管理等。同时，HSE 在通知中指出，对于此次检查过程中发现的违法违规行为和问题，将给予相关农场负责人严厉处罚。

另一方面主要工作是农机安全。20 世纪 70 年代，由于农用拖拉机保护结构（ROPS）的缺乏，导致英国大规模的拖拉机倾覆事故，在当时产生重大影响。因此，英国规定在 1970 年 9 月 1 日以后销售的所有新农用拖拉机，必须配有 ROPS，以保护操作者在翻车情况下不会被压死。1970 年 9 月，强制要求车辆在使用之前，遵守《农业拖拉机出租规定（1967）》。这两项强制性要求使得拖拉机倾覆死亡人数有了明显下降。

2. 德国

（1）农业发展概述。统一后的德国包括 16 个州，国土总面积 35.7 万千米^2。目前，拥有人口约 8 200 万的德国，农业用地面积约为 19 万千米^2，占国土总面积的一半以上。目前，德国农业主要担负着两项关键任务：一是供应多样化优质食物和饲料；二是生产可再生工业原料，尤其是未来的能源载体——生物质能原料。

目前，德国是欧盟最大的农产品生产国之一，动物生产仅次于法国，居欧盟第二位，植物生产居第四位，农产品出口名列欧盟前列，农业机械出口则一直在欧洲保持“冠军”地位。1991 年起，德国农业就业人口占比就从 4%逐渐下降至 2.4%；2010 年，农业、林业和矿业仅占国内生产总值的 0.9%，但仍能满足国内生产生活需求。

德国农业生产目前处于高度现代化，整个农业转移到现代科学技术知识的轨道上，科技成为强大的农业生产力。德国已经普遍实现了农业企业化、农民知识化、管理科学化、耕作机械化、结构合理化、发展持续化。

（2）农业安全管理。德国的农业安全管理与其他行业领域的安全管理类似，更多依赖于其双轨制的监管机制，即保险力量的介入。

德国的联邦劳动与社会事务部只对农业安全管理提出笼统要求，州劳动安全监察局也只在职业医师处设立农业相应管理科室。但对于未成年的农业从业人员，德国会通过未成年人保护相关法律，强制控制劳动时间和避免其进行高危险性和可能导致职业病、职业伤害的工作。

与其他国家相比，德国独特的双轨制的监督机制也对农业安全管理提供了有效保障。在这种双轨制中，除政府机构和半官方机构外，另一个机构是社会和商业监督力量——工伤事故保险联合会。德国的工伤保险费率在不同行业之间相差很大，且对同一风险等级的企业，也差别对待，这在很大程度上促进了企业安全能动性的提高。

《工业伤害保险法》于1884年正式颁布，1925年扩展到职业病防治，1997年纳入具有强制性和全面性的《社会法典》第七卷。为了保障工伤保险制度的实施，德国依法建立了专门的工伤保险机构——行业工会，其机构分为三个体系：工商业、农业，以及公共部门。其中，农业部门强制性要求所有农场、在德国设有注册办事处的园艺及林业企业参加社会意外伤害保险，其服务的被保险人为农业从业人员，包括自雇佣农民、农业工人和家庭农业成员。

德国的保险市场上，专门从事农业保险的保险公司及综合性保险公司提供了大量专门针对农村范围、农业风险、农民群体的保险项目，保险标的范畴广泛。例如，针对农民的车辆险除了适用于普通家用汽车以外，还适用于可上道行驶的部分农机具，如拖拉机、运输车、牵引车和联合收割机等；自然灾害险则包括了暴雨、冰雹、洪水、地震、地陷、滑坡、雪灾、雪崩和火山喷发等给农民及农业生产造成的破坏和损失。由于保险种类较多，很多保险标的在保险品种中存在重复性。因此，为了避免投保人重复投保导致增加保费负担，或出现漏保、错保等情况，德国的保险公司设立一些便于选择、风险抵御能力强的综合性、组合型保险产品，以保证被保险人或投保人在遭遇灾害时能得到比较全面的救助，或让受灾的农业企业能够尽快恢复生产。为了防御经营农业的各种风险，德国农业企业或农民对于缴纳一定的保险费表现出相对强烈的主动意愿，他们认为保险有利于提高抵御风险的能力，让自身生产和生活保持平稳有序。

除了设计各类保险提供灾后保障，德国还通过农业保险工会积极开展农业技术培训、宣传教育工作，利用保险的普及性和保险公司的地域触角加强农业企业和农民的安全意识，提高其遵循规则、辨识风险、消除隐患的能力水平。另外，通过对出现的工伤事故进行救援和理赔，能够对农业企业保险费率进行调控，通过浮动费率建立安全生产良性激励，在很大程度上促进农业职业安全健康水平的提高。

3. 日本

（1）农业发展概述。日本是一个典型的人多地少国家，2018年统计数据显示其耕地总面积约为4.42万千米^2，与我国江苏省2007—2008年耕地总面积近似。

从农业经营情况来看，日本农业历史悠久，更加注重精耕细作。但日本的经营性农户的规模偏小，呈现出典型的小规模家庭经营的特征，且农户数量逐年下降。根据日本农林水产省统计，日本全国农户数从2005年的285万户减少到2017年的216万户，其中，经营性农户（即耕种管理0.3公顷以上土地或出售50万日元以上农产品的农户）约120万户，非经营性农户83万余户。大部分经营性农户销售额比较低，无销售额和销售额小于100万日元的农户合计占比约60%，大部分农户经营规模都在1.5公顷以下。不过，日本积极培育农业经营主体和种植养殖大户，加快土地集中和流转，经营性农户平均耕种土地规模有扩大的趋势，经营大户逐渐增加。统计显示，在农业经营主体减少的情况下，日本经营性农户中耕种10公顷以上土地的数量从2010年的4.06万户增长到2015年的4.18万户。2017年，日本大户经营农地总面积占全国农地总面积的54%，种植规模较大的经营主体数量仅占经营性农户总数的8.9%，但其种植耕地面积总和占日本耕地总面积的63.7%；种植面积超大经营主体1.85万个（仅占1.52%），耕种总面积占全国农地的33.9%。从农产品年销售额上看，年销售额1 000万日元以上的法人经营主体数量占法人经营主体总数的36.4%，销售额占全部销售额的97.2%。

作为典型的低生育率叠加老龄化的社会，低生育率和老龄化的深远影响也折射到日本的农业就业中。2018年，日本农业、林业就业人口210万人，渔业从业人员18万人，占全国比重为3.42%。但经营性农户中50岁以下男性从业人员占比仅为13%，50岁以下女性占比约10%，这一比例甚至低于80岁以上从业人员约17%和16%的占比。1995年全日本农民平均年龄为59岁，到了2009年时已逾65岁，2019年则达到了67岁。

日本农业现代化始于第二次世界大战以后。根据国情，日本采取多投入劳动及肥料的土地节约型的生产方式，通过改善农业水利设施、推广优良的农业品种、广泛施用有机化肥的劳动密集和土地密集相结合的小型精耕细作式的生产方式，使农业现代化得到发展。1955年以后，日本工业化发展迅速，吸收了大量的农村劳动力，为农业机械化生产提供了一定的条件，通过大量使用机械化农具，20世纪70年代中期，日本基本实现了农业现代化。

（2）农业安全管理。日本农业安全生产形势一直处于较为严峻的情况，每年农业生产过程中发生的死亡事故约300起，每10万人的死亡事故数呈上升趋势。从统计中能够看出（图5-9、图5-10、图5-11），农林业十万工时伤害率[①]是日本主要行业领域中最高的，为全国平均值的3倍以上，农业事故中主要为农机事故。特别是随着日本农业从业人口的下降，农业安全事故死亡人数不降反升。因此，日本政府提出，加强安全生产工作刻不容缓。

① 十万工时伤害率＝（伤害人数/实际总工时）$\times 10^5$。

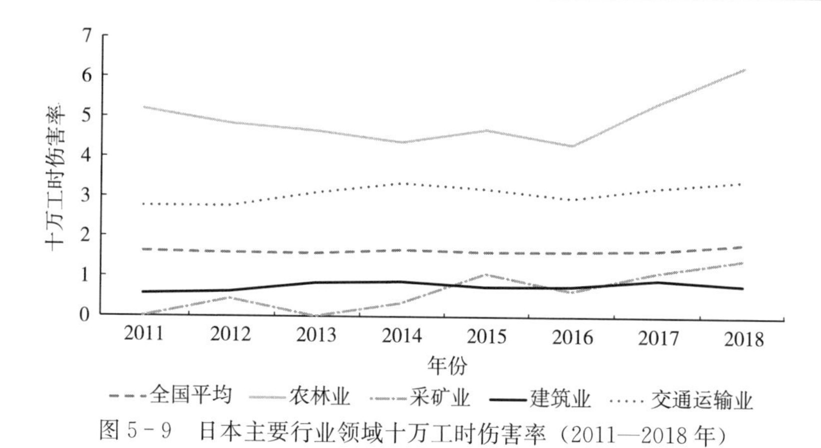

图 5－9　日本主要行业领域十万工时伤害率（2011—2018 年）

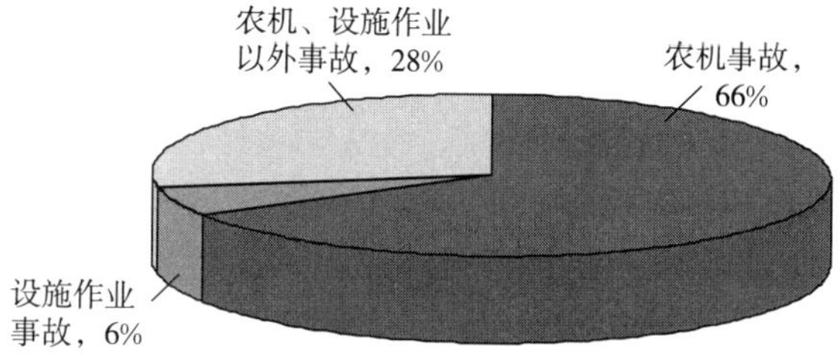

农机、设施作业以外事故，28%
农机事故，66%
设施作业事故，6%

图 5－10　2019 年日本农业死亡事故原因统计（按大类）

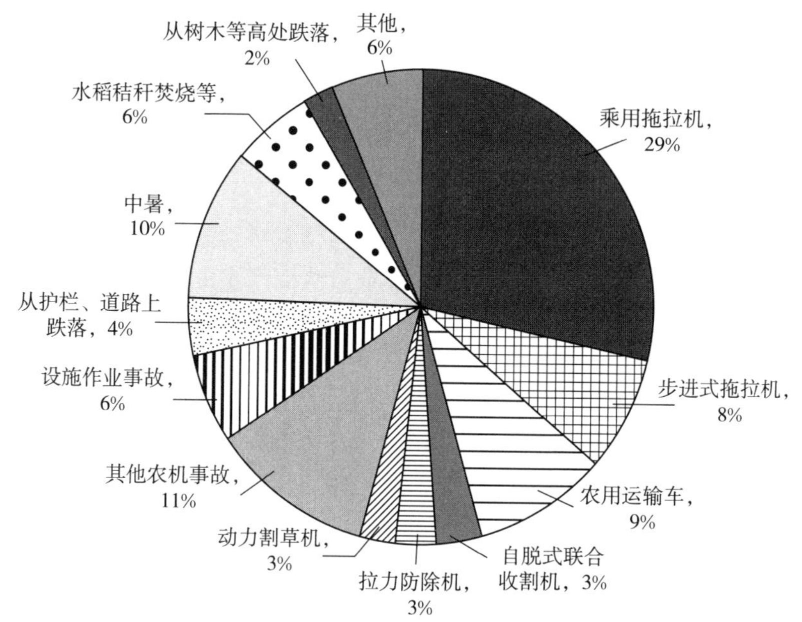

图 5－11　2019 年日本农业死亡事故原因统计（按细类）

日本安全生产监督管理最初由劳动省负责，2001 年随机构改革与厚生省合并，成为厚生劳动省，主要负责日本的国民健康、医疗保险、医疗服务提供、药品和食品安全、社会保险和社会保障、劳动就业、弱势群体社会救助等职责。其中，劳动基准局安全卫生部主要负责职业健康安全工作，作为日本安全生产监管的职能部门，负责安全生产监察官队伍管理。从其官方网站中可以看出，厚生劳动省安全卫生部仅作为综合监管部门提出适用于所有行业领域的监管政策要求，在《劳动基准监督年报》中汇总经营性农业十万工时伤害率等数据，没有明确将农业纳入安全监管范畴，也未针对农业提出专项安全管理规范。

农林水产省是日本主管农业、林业、水产行业行政事务的国家职能部门，其中，生产局负责监管农畜产品的生产和管理，业务范畴包含提出农业作业安全对策、统计农业安全事故、开展农业安全推进工作、提供教育培训资料、组织安全专题研究等。也就是说，农林水产省生产局是日本农业职业安全健康的行业主管部门。

1947 年，日本颁布了《劳动基准法》，对就业、劳动时间、工资和劳动安全卫生作了一系列原则规定。20 世纪 60 年代，日本进入事故多发期，死亡人数甚至达到每年 6 000 多人。为了加强劳动保护、降低伤亡事故，劳动省开始制订《劳动安全卫生法》，详细规定了企业应遵守的安全卫生标准，该法 1972 年正式颁布后，劳动省加大了执法力度，事故逐年减少。《劳动安全卫生法》中未直接对农业进行规范，只提出雇主在职业安全健康方面应当遵循的基本要求。因此，各类农业企业（包括种植业生产、林业、渔业、休闲农业、农业服务业等企业）需要依照该法进行安全管理，并受到政府监督。由于林业是日本行业安全风险分级中处于高风险的行业领域之一，《劳动安全卫生法》中部分条款在列举中提到了砍伐业务，例如，经营者必须采取必要的措施，防止因钻探、采石、装卸、砍伐等业务中的作业方法而产生危险。

日本是自然灾害频发的国家，各类自然灾害对农业农村生产造成极大影响。为此，日本每年安排 6 600 多亿日元用于农村农田和山区治理建设，3 200 多亿日元用于已建工程的管护，此外还有专项资金用于灾区的恢复和振兴。2018 年，日本全国水旱田方整化改造率已经超过 60%。通过农田设施的建设投入，日本不仅有效提高了其农业生产能力，也增强了农村农民抵御自然灾害的能力，保障其生命财产安全。

在人才培养方面，日本主要依托农业职业人员培养计划，提高从业人员综合素质，并通过培训补助鼓励年轻人从事农业生产，在提高农业生产技能的同时提高其职业安全健康意识和能力。例如，对于不满 45 岁、符合一定条件的转行从事农业生产的人员，认定其为新“营农”人员，在农业技术研修和学习期间给予150万日元/年的补助（最长资助2年），从事农业生产后，为稳定其收入再给予150万日元/年的补助（最长资助5年）。这种补助模式鼓励大量青壮年劳动力进入农业行业领域，这些拥有专业技能的农业从业人员能够从根本上解决劳动力老龄化带来的作业安全风险。

日本农业协同组合（以下简称日本农协），是依据日本政府《农业协同组合法》建立起来的农业科技中介服务机构，向农民提供农业科技中介服务，包括提供各种农业设施和农资产品，办理农产品深加工和流通服务，筹集农资和办理农业保险，发展农业教育、从事营农指导等。“政府＋农协”的农业科技中介服务体系是促进日本农业发展的重要支撑机制，对农业安全也有着良好促进作用。

作为农业死亡事故的主要原因，现在市场上销售的农业机械是否具有足够的安全性能成为日本农业安全关注的重点。此外，有关法令也对农业机械的定位、安全管理提出了相关要求（表5-10）。除了在《劳动安全卫生法》和《道路运输车辆法》中对一部分农业机械规定了安全标准和操作要求，日本还利用国家农业科研机构设定了所有农业机械的设计生产安全标准，一方面，接受农机制造厂家的委托，对农机进行合规性检验；另一方面，制定农机安全性检查制度，对农机使用过程中的安全性进行监督检查。此外，日本鼓励农户使用高于国家农机安全标准的农机进行作业，这些农机可以减少被检查的频次。2020年，农林水产省提出“让我们回顾一下！注重农业机械工作安全措施”的口号，提出三方面建议：一是在农业机械上增加安全设备，如安全框架、安全带等，并提倡佩戴头盔；二是倡导更全面地安装照明设备，特别是较多在公路上驾驶的拖拉机；三是加强对农业机械进行例行检查和维护。基于此，农林水产省提高了事故统计频率，由以往的每年一次增加到每月一次，并鼓励在各地市政当局在每个地区建立信息共享委员会，增加农机安全意识。

表5-10　日本农机安全主要法令要求

法律和制度名称	主要条款内容
《劳动安全卫生法》	（1）在法令第3条第2项中，机械制造商等必须努力防止劳动灾害的发生，厚生劳动省制定的《关于机械综合安全基准的指南》中，明确了包括农业机械在内的所有机械的设计基本方针 （2）在法令第42条中，特定的机械如果不满足厚生劳动省规定的规格等要求，就不能进行转让租赁，在告示中对各个机械规定了结构规格（叉车和建设机械是法令第42条规定的对象）

（续）

法律和制度名称	主要条款内容
《道路运输车辆法》	法令的第40～42条中规定，不符合安全标准的车辆，不得上路行驶。法令的安全标准中规定了详细的标准要求。另外，乘用型拖拉机等特殊农业机械需要满足小型特殊或大型特殊汽车的要求
安全性检查制度	国家农研机构中，包含作业机械在内，原则上执行了以所有农业机械为对象的全部技术标准

为了应对近几年农业安全生产事故频发的问题，2021年，生产局农业生产安全研究小组汇集了来自农民团体、职业安全专家和农业机械相关团体的人员，从广泛的角度研究并采取措施，帮助改善农业安全不良情况。这是日本近些年来第一次专题开展农业安全生产问题研究，在相关会议中，相关专家针对农业生产安全事故数量、政策法令要求、现行政策落实情况等方面进行了系统性分析，并针对农业机械、农机道路交通、农业作业安全设备设施等内容开展专题讨论。自2021年2月起，研究小组已召开了5次专题会议，确定了研究小组的核心研究课题，并形成中期报告和一系列研究产出，为日本下一阶段制定农业安全政策提供了良好帮助。

第六章　中外农村农业安全治理经验浅析

一、国外安全治理的经验与不足

1. 国外农业安全管理特征

通过分析美国、澳大利亚、国际劳工组织及其他发达国家在农业安全与健康方面相关工作，可以看出国外在提高农业安全与健康工作方面采取了一系列较为有效的方法措施，主要有以下特征：

（1）法律法规支撑较为成熟。目前，发达国家在农业安全管理方面基本形成了完整的农业职业与安全健康法律体系，并配套技术管理标准，确保农业职业与安全健康各方面工作有法可依、有据可循。

美国没有农业职业安全健康方面的专项法律，《职业安全与健康法》作为美国职业安全与健康领域在联邦全面实行的法律，适用于农业职业安全生产工作。基于《职业安全与健康法》第5条，OSHA建立了覆盖农业生产中的人员、设备、农药等的安全管理、农业生产环境、公共环境安全管理等各方面要求的农业职业安全健康标准系列——《农业职业安全与健康标准》(29 CRF 1928)，并逐步补充其他行业与之相关的指令标准，形成较为完整的农业职业安全健康标准体系，并不断修订完善。

在同属普通法系的英国，由于国家不制定成文法，在农业安全生产方面也同样只规定若干原则和安全技术标准作为司法审判的依据。但为了进一步控制农机风险，减少意外伤害事故，英国于1946年成立了高沃斯委员会，开始进行农机安全立法并不断修订完善，例如，1952年《农业（有毒物质）法》确立了发布农用有毒物质相关规定的框架，内容包括保护员工免遭中毒风险、员工的职责、政府监督、违规和惩处等。

日本则持续开展涉及农业的法律法规制定。1965年，日本农林水产省开始实施《农作业安全对策事业》，1969年制定了《农作业安全基准》和《农业机械安全装备基准》，逐步健全了农业机械从使用到管理的全流程监管体系。

（2）监管覆盖对象较广泛。农业的稳步发展使得现阶段监管对象不仅包括企业制的农业单位，还包括家庭农场、自营就业农民以及移民农业从业者。

在欧洲，由于工业革命的产生，近200年来农业机械化水平大幅提高，逐渐形成了平均规模大、作业人员少的生产现状。这种情况下，家庭农场、个人农场的安全生产情况与农业企业十分相似，因此，欧盟各国在职业安全与健康监管中，将其一并纳入监管范围，并通过对ILO《2001年农业中的安全与卫生公约》（第184号公约）、《2001年农业中的安全与卫生建议书》（第192号建议书）等公约的转化适用，完善本国农业安全监管技术标准，向非企业制的农业从业人员提供技术指导与改善建议。同时，对于大规模移民农业工人和季节性农业工人，采取集中培训、重点检查等手段进行监管，确保全面的职业安全与健康。

澳大利亚实施的“农业推进澳大利亚”战略向从事农业生产的所有人员（包括农场主、家属、雇工）提供的资助，有效提高生产技能和农场管理水平。新南威尔士州将家庭农业人员列入监管范围，也对农业职业安全健康水平提升有着明显促进作用。

（3）具有多重的综合监督管理。一般来说，各国职业安全健康监管工作由职业安全健康部门负责，农业部门负责农业相关行业的日常管理，设立专门的研究机构为职业安全与健康提供技术支撑，并支持农场雇主和拥有者进行职业安全健康内部控制，已经逐步形成了“农场自主管理、专业机构技术支撑、政府部门专项监管”的复合性监督管理结构。

英国、美国、澳大利亚、法国等国家的职业安全健康部门官方网站中可以找到农业安全与健康的专门板块，在对纳入监管范围的农场、农业雇员提出监管要求的同时，也鼓励非农业雇员和家庭农场主阅读法律要求和技术标准文本，帮助其开展自主管理。各国的统计局也不断完善农业职业安全健康内容统计，在农业企业之外逐步纳入家庭农场、自营就业农民等个体农业工人，并通过分析每年统计结果，提出需要重点关注的内容，作为政策制定依据。

在专业机构支撑方面，比较典型的包括美国的农业疾病、伤害研究教育预防中心，澳大利亚的农业安全健康中心等。这些专业研究机构类似于我国公益科研事业单位，通过政府扶持、院校协作，开展农业职业健康安全方面的课题研究，为各国农业及职业健康管理部门提供政策理论及技术支持，并在一定程度上代表政府机构向农业企业、农户、社会公众进行农业安全宣教和培训服务。

（4）重视农机本质安全。20世纪90年代，美国、德国、日本等经济发达国家的种植业和养殖业已进入高度机械化阶段，农业机械已向自动化、信息化和智能化方向发展。各国在农机设计和制造上严格把控，减少因人员误操作导致事故发生的可能性。

以法国为例，据统计，法国拖拉机注册量每年都在稳步增加，每年新注册拖拉机数量在3.5万台左右。这种情况下，法国十分重视农用拖拉机的公共安全问题，法国公路法规规定，凡属农业用的拖拉机出售前必须要经过公共安全方面的鉴定验收。同时，法国也十分注重农业机械的法律化和规范化建设，不仅执行欧盟相关标准，还制定了一系列自愿实施标准，力求从制造上满足农用机械的安全性要求。德国菲茨曼农机公司（Fritzmeier Group）设计一种个性化的驾驶室需要三年左右的时间，其中包括一年半的安全测试和性能试验时间，测试项目包括顶棚抗挤压安全、振动舒适性能测试等，测试期间对采集的数据进行数据记录与分析，不断优化设计方案。国外的部分拖拉机，如纽荷兰TL-A系列轮式拖拉机等驾驶室地板铺设加厚覆盖层，驾驶室内部采用吸音、隔热材料，能有效隔离室外温度并降低噪声，驾驶室噪声已经接近汽车标准。拖拉机驾驶室大多宽敞明亮，驾驶员在工作时可拥有更大方位的视角，带有减震器的悬挂式座椅可调整，为驾驶员提供一个安全、舒适的作业环境。驾驶室内操作面板和操控杆均匀分布在驾驶员的两侧，操纵配置更加合理，使驾驶员可根据不同体型及驾驶习惯调节位置。除踏板外，驾驶员两侧有多功能操纵杆、水杯座及折叠式副座等，副座多有安全防护装置等。

近年来，数字信息化技术在全球农业领域应用步伐加快，农业机械化生产与信息技术深度融合，先进的农业信息智能感知技术和智能农机发展迅速，生产机械化辅以管理信息化，越来越多的劳动力被智能农业机械替代，不仅农业生产效率进一步提高，农机伤害率也持续下降。美国数字农业发展建立在农业生产高度专业化、规模化、企业化的基础上，信息化技术渗透到美国农业生产、加工、运输、销售的各个环节。通过科研部门与大型农机企业的联合研发，网络通信、电子计算机及卫星遥感等现代信息技术在大型农业机械上得到应用，实现拖拉机等农机的自动避障、自主作业、路径规划等智能化、自动化作业。

（5）关注从业人员的教育。提高农业生产从业人员素质，强化安全意识，是提高农业安全水平的有效方式。发达国家通过资助农业职业教育和科研机构，一方面有效提高劳动生产率，另一方面也促进了职业安全健康水平的普遍提升。对于移民工人和季节性工人，也会采用集中教育的方式，就农业安全生产技术和本季节、工种的特点进行培训。

HSE基于ILO和IEA共同撰写的《农业工效学检查要点》，选择农业生产中的典型案例进行分析研究，形成一系列研究成果和宣教资料，帮助农业从业人员提高安全生产水平。

加拿大安大略省政府从1987年起作为永久性立项开展农药安全使用教育培训计划项目，主要针对农药销售人员和农药使用者进行强制性培训，要求农药使用人员必须经过培训考核，持证进行农药使用。

2. 存在的主要问题

（1）基础工作条件存在隐患。由于受自然条件影响较大，农业工人经常要在不同生产时间、不同地区进行流动性作业，很多农业设备、工作场所和建筑都是临时使用或搭建。为了降低成本和节约时间，临时设备、场所和建筑往往是不符合法律法规要求的，存在极大隐患。而且由于设备场所、建筑的临时性和分散性，各国在基础条件的更新上缺乏系统性的规划设计，现有监管能力很难达到广泛有效的监管，事故救援也存在较大困难。

此外，占有一定比例的小规模、超小规模农业生产场所职业健康安全基础水平依旧薄弱，仍在使用不符合现行技术标准的老旧设备。部分地区农业基础设施落后，电力、水利设施老化，建（构）筑物年久失修。以美国为例，大面积、高产量的商业化农场是其主要的农业生产基地，其产量占全国农业生产的90%以上，但传统农业区域内个人经营为主的中小型农场和自给自足模式的家庭农场在其疆域范围内占到农场总量的3/4以上。由于市场竞争力不足或是完全不以营利为目的经营，这些中小农场普遍经济收益较低，为了节约生产成本，农业生产场所和机械设备普遍老旧，部分农场仍旧使用20世纪30年代的人力农耕器械，大量临时搭建的作业场所甚至是居住场所未经过规范化设计和检查就投入使用，不仅难以抵御极端恶劣天气，甚至在日常使用中就会出现损坏、垮塌。

（2）非雇员缺乏有效监管。虽然部分发达国家对农业安全监管对象由企业制农场扩展到包含家庭农场、个人农场在内的较广泛监管范围，但对于非雇员的安全管理缺失仍是普遍存在的重要问题。

现代化的农业生产水平意味着大型农业农场的数量激增，但大部分农业从业人员并非雇员，季节性、临时性用工人数比例极大，没有合同约束，不参加工伤保险，政府机构几乎只能提供鼓励性指导，在发生事故后也无法进行处罚和教育。

高比例的移民农业工人也是部分发达国家在管理非雇员农业人口中面临的严峻考验。以美国为例，美国的移民农业工人中一半左右是非法移民，人员分散，受教育程度低、职业技能水平较差，属于事故高发人群。但这些人由于身份原因不会主动参加教育培训，甚至逃避法定教育和职业体检、拒绝参加保险，为监管带来极大的困扰。

（3）监管机制仍有缺项。发达国家通过建立健全法律体系、开展广泛教育培训等方式提高农业安全水平，但其监管机制仍存在一定的问题，如数据统计不完善、职业健康安全培训缺项等。

监管范围的缺失直接导致了数据统计困境。目前，发达国家现有的农业职业安全健康统计只能有效针对商业化农场。而绝大部分非商业农场位置分散，无雇主、无合同，且不主动向政府上报相关数据。大量数据的缺失严重影响到政府制定农业职业安全健康政策的准确性、有效性，职能部门监管力量、监管能力也面临着严峻的挑战。在欧盟范围内，这一问题表现得比较明显。欧盟成员国有报告职业事故和职业病的法定义务，农业相关数据也在报告范围内。但是，关于如何建立报告系统，各成员国有不同的操作方式。欧盟指令——《工作安全与健康》是与工作安全和健康相关的所有事项的法律依据，为遵守该指令，欧盟成员国执行了新的法律法规，但各成员国采取行动的速度和细节层次不同，大部分情况下，取决于各国自身的最新发展状况和发展阶段。结果就是，成员国拥有各自的工作事故统计数据系统，且对于农业安全的重视程度难以达到普遍标准，导致农业安全数据统计存在较大偏差，甚至难以得到有效结论。

在教育培训方面，发达国家虽然重视职业安全健康培训，但在农业职业安全健康培训方面相对薄弱，内容针对性不强，培训覆盖面也限于农业企业。正如前文所说，作为美国联邦在基础农业生产培训覆盖面相对较广的“苏珊·哈伍德培训基金项目”，在面向小企业进行的安全与健康管理体系培训中，培训内容仅包含部分职业危害和人类工效学课程，覆盖部分农业初加工企业，无法对更大范围的农村农业产业工人和非雇员类工作人员提供知识和能力提升帮助。

（4）监管体制条线化严重。农业生产是一个复杂的过程，涉及的工作流程多，从业人员所属经济体制复杂，大部分发达国家现行的以职业健康安全部门全权负责的条线化监管体制，从一定程度上来说是农业生产安全监管问题无法彻底解决的根本原因。

目前发达国家农业安全监管基本都是依托各国职业安全健康部门，行业部门基础职能中缺乏安全监管职责，农业政策中也没有职业安全健康相关要求，例如，美国农业部在政策制定中侧重提高农业生产率、确保食品安全；澳大利亚农渔林业部统一协调农林牧渔业的综合管理，关注农产品质量安全和农业资源保护及可持续发展；英国政府在 2001 年改组成立环境、食品与乡村事务部，主要负责环境保护，粮食生产和标准，农业、渔业和农村社区发展管理。

这种情况意味着农业安全监管仍旧是单一化、条线化，未真正形成系统性、结构性的综合监管体制机制，职业健康安全监管部门内部无法根本解决实际管理工作中的力量薄弱、覆盖面限制等问题。

二、我国存在的典型问题及原因

对比国外农业安全阶段数据和安全生产总体状况可以看出，由于多种原因，我国的农村农业安全生产的工作尚处于初级阶段。受传统安全监管体制限制、财政投入不足和发展变化过快、基层一线人员专业技能较弱等主客观因素影响，农村农业安全管理水平始终明显滞后于农村经济发展，存在许多突出问题和薄弱环节，整体安全形势依旧严峻。

1. 法律法规标准体系仍不健全　现阶段农村农业相关政策法规、标准体系，往往强调农业问题的解决、关注农村经济的发展与建设、认为安全要与农村农业经济发展相适应，具体内容多是从行业安全监管制度向农村农业的简单延伸，或者简单地发布指导性意见，针对性、操作性不强。

（1）专项法律法规缺少适用要求。我国目前的农业安全法规主要以农业机械监管为主，兼顾农药管理、消防。农村安全管控方面，部分自然灾害防治、建筑工程、电力、燃气等法律法规中部分内容能基本适用。但总体来说，农村农业方面的法律法规数量偏少，能够独立、良好适用于农村建筑施工、消防、道路交通、水利、旅游等方面的专门性法律法规普遍缺失，现有法律法规结构不清晰，尚未形成完善的法律体系。

例如：农村消防方面，按照现行《消防法》及其配套法规要求，我国目前大部分农村农业的消防条件及消防工作情况不能完全达到消防要求；在农村自建房方面，目前我国缺乏农村工程建设项目管理方面的法律法规，现行相关法律法规对农村工程建设项目管理的相关规定比较分散，没有形成完整的体系，而各地对农村房屋建设管理也只是照搬城市房屋建设管理的模式，将宅基地审批、乡村建设规划许可、建设施工管理、竣工验收等分开管理，未将安全管理作为贯穿全过程的基本要求。

休闲渔业在我国的发展尚处于起步阶段，我国《渔业法》《海上交通安全法》以及配套的法规、规章都没有明确的条文对休闲渔业进行界定，法律体系的覆盖面还不够细化，缺乏全国性的休闲渔业船艇、人员管理法规标准。在2002年我国海事局针对浙江省海事局关于“休闲渔业船舶”水上安全监督管理问题的答复之后，国家层面法规规章修订中仍未有明确的条款，用以规范低于渔业生产营运资质、船舶规范和船员标准等情况的“渔家乐”模式。此外，休闲渔业中存在个人组织性行为，例如，海钓船主在船只可承受范围内确定出海人数，其他人自愿参与、平摊出海油费。因为这类个人组织不存在“交易”行为，部分问题暴露后公安机关无法依法对该行为进行定性和处罚。

（2）标准体系覆盖范围不完全。农村农业现有安全技术管理标准体系的适用范围相对较窄，相关技术标准的覆盖面主要以具体工器具、农药的生产、装配、检修以及农业工艺应用为主，管理标准主要规范对象是农业生产经营单位，对于个人农业和家庭农业方面缺乏相应的规定，导致农村农业安全生产在一定程度上存在无规可循的情况。

另外，在实际生产过程中，农村农业各类标准使用对象集中于专业种养大户、家庭农场、农民专业合作社等农业经营组织或企业以及政府监管部门、农机检测机构，但由于各类标准中涉及生产安全的信息分散，且传递不及时、不准确，导致各级政府监管部门、质检机构难以及时有效地对法规标准进行更新，农村农业相关从业者了解法规标准更加困难，给法规标准的贯彻造成了较大的障碍。

2. 农村经济发展与应急管理不平衡　随着农村农业快速发展，新农村建设逐步推进，几千年来建立起来的农村自治模式随着农村生产生活方式而改变，但是风险管理的意识、资源、能力水平没有跟上新时代安全应急治理的步伐。

（1）农村快速发展导致风险管控难度增加。我国农业现代化发展速度虽然很快，但由于国土面积广、自然条件差异大，导致发展水平十分不均衡。随着乡村振兴战略的实施，乡村旅游、水利工程、农村特种设备设施、燃气安全监管等方面不断出现新情况、新业态。农村农业安全治理工作面临新形势、新问题，事故风险类型不断增加、叠加，还会附带一定程度的社会稳定风险，存在“硬办法不能用、软办法不顶用，老办法不管用、新办法不会用”的情况，风险管控难度较大。

例如，随着我国农村道路交通的快速发展，“汽车下乡”为农村交通出行便捷带来了有效的政策支撑，轻型载货汽车、微型客车、摩托车等均在政策补贴行列之中。但由于经济水平和传统思维的影响，农村居民大量购置的仍多为技术状况和安全性能较差的低成本摩托车、三轮汽车、低速载货汽车和一些无证无审的二手车、报废车、拼装车，新车增长速度有限，旧车淘汰也仍需要一定时间。部分农村居民出行以摩托车、低速货车作为代步工具的情况短期之内仍是普遍现象，选择以摩托车、低速汽车、低速载货汽车等从事采石或货物运输业、非法载客以获取一定经济补贴的现象难以根除，传统“应急式整治”治标不治本，农村道路交通已经成为综合性社会问题。

（2）监管力量尚未完全覆盖所有生产形态。相比农村安全庞大的监管任务，基层一线安全监管人员力量明显不足，道路交通、建筑施工、农用电力、森林防火等传统农村安全管理项目点多面广、增长迅速，市、县行业主管部门鞭长莫及，乡镇安全管理力量难以有效覆盖，部分偏远乡村监管人员、设备设施、物资等缺乏。特别是在贫困地区，由于经济条件、自然环境和生产特点所限，小规模、超小规模农业生产场所较多、分布分散，给农业安全生产安全现场监管带来很大难度。

另外，多数农村干部专业知识缺乏，在农业观光旅游、燃气改造、农村电商等农村新业态方面的安全管理知识和经验几乎为零，对于传统农业机械、农药监管方面则难以跟上技术进步的速度，在农村农业安全治理和应急处置中存在着随意性和随机性。

（3）农村农业从业人员安全意识不强。总体上，我国农村经济发展与城市相比尚有较大差距，农民收入水平整体偏低，并且区域差别明显。特别是部分自然条件较差、经济欠发达区域农民还处于从温饱向小康过渡阶段，生存压力依然较大，留守人员和农业从业人员主要为老人和儿童，整体文化水平不高，安全意识和安全素质较低，导致大量农业从业人员对自身的安全健康重视程度不足，安全需求尚未得到充分释放，在生产经营中无专业知识、无日常监管、无规范化管理，操作中忽视安全操作和规范操作。另一部分从事休闲农业、休闲渔业等一二三产业融合的经营者，大部分是传统农业、渔业的农民、渔民，普遍年龄偏大、文化偏低、管理能力缺乏、安全意识淡薄，部分人员甚至私自从事经营活动，不了解经营中的风险隐患，未申请相关经营证照，不能提供符合安全标准的活动场所和充足可靠的安全应急设备设施，在经营活动中不能及时发现事故隐患，在发生突发事故事件时缺乏应急处置能力。

3. 监管体制机制有待进一步完善　农村农业生产经营涉及的工作流程繁多、行业领域复杂、从业人员所属经济体制不明确，为安全治理和应急管理工作带来了极大的困难。其中体制机制的不完善是农村农业安全治理与应急管理面临的主要问题。

（1）职能划分与监管范围不明确。目前，我国农业产业中存在个人务农人员、家庭农业、集体农业、乡镇企业、农垦企业（集团）等多种类型，特别是从生产到初级加工一体化的家庭式农业在我国极为常见。以《安全生产法》规定为基础，生产经营单位归属应急管理部门监管，个人务农人员和家庭农业尚未列入管理范围。因此在县级以下监管过程中，农村农业生产安全会出现“无人管”“不知道谁来管”的监管真空。村社监管存在“人情关”，乡镇监管存在信息跟不上的死角，行业监管存在鞭长莫及等现实而具体的问题。

在机构人员责任落实方面，农村农业安全治理主要围绕生产经营单位及地质灾害、防汛抗旱、森林防火等方面进行，对农村经济发展过程中出现的新问题、新业态研判不足，相应的职能职责分工没有跟上发展，乡村旅游、水利工程、农村特种设备设施、燃气安全监管等方面职责界定不明确。

例如：存在着生产经营单位和基础农业生产双重特征的观光农业，安全治理归属尚不明确，休闲渔业同样是处在渔业与旅游业等多个产业边缘的交叉产业，部分管理归属问题尚未解决。特别是作为新兴板块，垂钓活动中船艇管理、水上航行、休闲渔业企业、个人游客等方面三不管的“灰色地带”一直存在，船艇管理主体难以明确。特别是小型搭乘非船舶船员且具有游客特点的海钓者，其船舶大部分属于私人所有，无需取得渔业船舶相关证照，且不用进行旅游观光注册，按照相关法律法规，不在交通航运部门和文旅部门的监管范围内。

农机道路交通监管方面，依据2004年《道路交通安全法》中的规定，三轮车、低速货车、变型拖拉机等的管理权由农业部门行使，监督权限则移交公安部门，监管部门交叉导致农机道路交通安全问题缺乏稳定有效的解决方式。

（2）统计指标及其有效性严重不足。从农村农业事故上报和统计的情况中可以发现，现有统计指标类型较少，信息分散，事故瞒报、不报的情况时有发生，统计数据可靠性较低。

数据指标方面，目前主要指标集中于农业各行业领域生产安全事故和消防安全，其他统计分散在各职能部门，缺少统一的整理分析，自建房事故、病险水库事故等方面缺少相关统计口径。

从《农业部办公厅关于2014年农机事故通报》中能够发现，有的省份未能将事故死亡人数控制指标全面下达到农机部门，有的未能按规定调整统计口径，个别省份报告事故不及时、不全面，存在瞒报、漏报情况。

（3）社会第三方治理参与度偏低。目前，我国科研机构对农村农业安全治理研究的总体关注度偏低，研究成果和主要研究方向更多集中于农产品质量安全、农机技术、饮水安全等方面。社会力量参与也主要集中于传统关注的农机、农药、船舶等领域，缺乏更加有效和广泛的政策引导。

以中国知网检索结果为例（图6－1、图6－2，截至2022年3月20日），通过对“农业安全”“农村安全”两个主题词分别进行检索，并对排名前十的关键词排序可以看出，“农业安全”主题词检索出的5 299篇论文中，主要关注点为农产品、农业机械；“农村安全”主题词相关13 675篇论文中，77%以上的论文与饮水安全有关，除此之外关键词占比最多的则是交通安全。

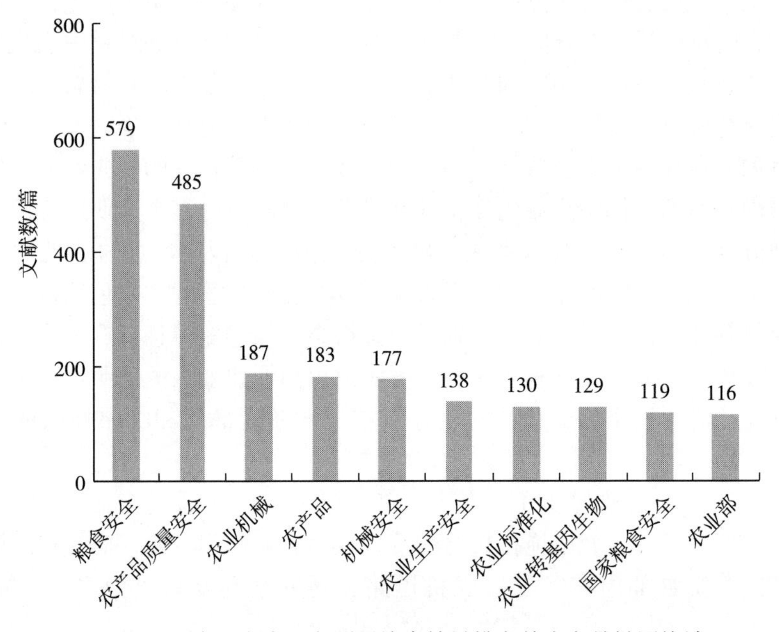

图 6-1 “农业安全”主题词检索结果排名前十名关键词统计

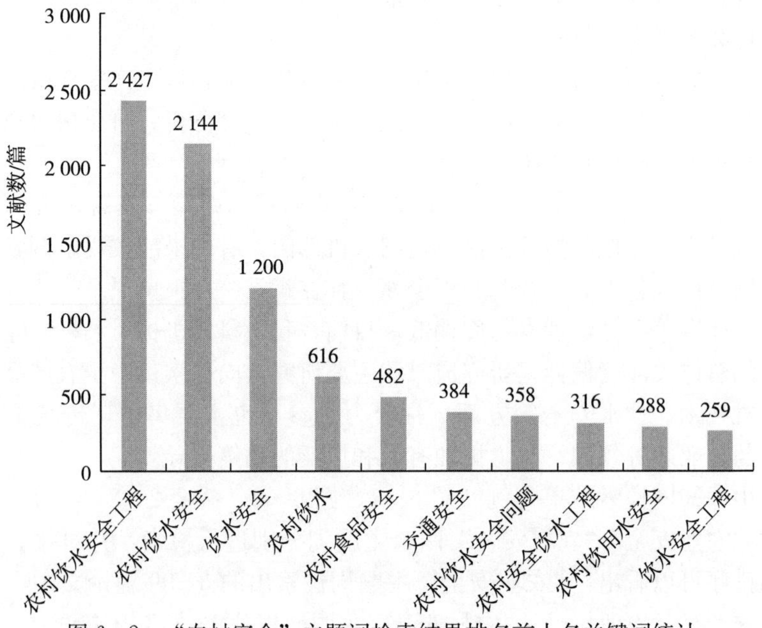

图 6-2 “农村安全”主题词检索结果排名前十名关键词统计

此外，在实施农机落地检验以来可以明显看出，日益增长的农机发展需求与滞后老化的试验设备和检测手段之间的矛盾日益突出，参与农机安全检测、驾驶人考试、事故处理等和试验鉴定设备建设的第三方机构数量尚不能满足广大农村加快推动相关工作的需要，技术能力总体较为落后。部分基层试验鉴定机构的设备条件尚不能满足检测需求，检测人员对于农机检测新技术和新型农机的知识储备也不能满足实际工作的需要。

4. 农村农业关键风险管控能力薄弱　受传统安全监管体制限制、财政投入不足和发展变化过快、基层一线人员专业技能较弱等主客观因素影响，农村安全管理水平始终明显滞后于农村经济发展，没有形成基本的安全应急能力，部分关键风险、重大隐患管控缺失。

（1）消防。农村消防设备设施和人员队伍普遍缺乏，警力不足、交通不便导致农村消防救援存在很大局限性，一旦发生大型农村火灾事故，救援力量难以快速到位。目前，90％以上的村庄缺乏消防水源、没有配备消防手抬泵等基本消防器材设施，一半以上乡镇没有专业消防力量，而现有专业救援力量主要部署在县级以上辖区。

与此同时，多数行政村未实施农网改造，未改造村普遍存在电力设施老化、供电可靠性差等安全隐患，即使是已升级改造村农户电表后的部分电网，电力线路敷设凌乱、保护老化。大量廉价“三无”电器产品充斥部分农村市场，产品设计制造存在安全缺陷，缺少必要配件和使用说明，缺乏售后安装和维保服务，导致电器火灾隐患较多。部分民营燃气企业恶性竞争，无序发展，相当一部分农村燃气管道安装材料和施工不符合行业安全标准，农村液化石油气瓶充装、运输极不规范。

另外，随着乡村旅游快速发展，部分新建、改建房屋由单纯的民房改为民宿、餐厅、会所等，存在建筑防火等级不符合要求、电力燃气等管线布局不合理、建筑材料耐火等级不够等情况。部分民宿改造时随意改造电路，日常经营中随意增加用电负荷，最终引发火灾。

（2）道路交通。近年来，我国农村、山区道路交通重特大事故大部分为车辆在临水临崖、望坡路段坠到路外造成严重伤亡，事发路段普遍缺少安全防护设施，不能起到有效防护作用。道路技术等级低、防护设施少、管理力量覆盖不到位，是农村、山区公路重特大道路交通事故发生的主要原因之一。

以重庆市为例，集大城市、大农村、大山区、大库区多元特征于一体，全市农村公路已达 12.9 万余千米，占公路总里程的 90％，三级以下公路占 85％，普遍存在线形较差、弯多、坡陡、路窄、临水临崖的情况，同时缺乏排水、安全防护及标志信号设施。根据生命防护工程相关文件要求，新建国、省道路基本按照要求加装波形防护栏，但是现有公路、部分新建村级公路不能按照标准设置。2017 年重庆市一般道路 8 起较大事故中，车辆坠出的事故占 4 起，其中 3 起发生在无安全防护设施的农村道路上。目前，重庆市乡村公路中，仍有 2.6 万千米需实施生命安全防护工程，且早期建设的生命护栏将陆续达到 15 年安全使用年限，修复前安全性能大幅降低。

随着乡村旅游逐渐成为短期旅游的热门选择，这些旅游景区附属的乡村道路也成为事故多发地带。乡村旅游范围广且远离城市，游客进出多通行于乡村道路。这些道路以自然形成为主，弯道、坡道、岔道多，路宽较窄，且村内道路基本没有规范的交通指示标志和安全标志，客流高峰期时也无相关疏导协调，可能导致交通堵塞和交通事故。另外，村级道路普遍存在农机、机动车、人力车、行人混合同行的情况，一定程度上也极大地增加了交通安全风险。

此外，监管力量薄弱也是导致我国农村道路交通安全风险管控不到位的重要原因。目前，我国公安交管部门警力主要集中于城市、国省道交通安全管理，乡镇交警警力覆盖面严重不足。以湖南省为例，截至 2019 年，全省仅 14%乡镇设有交警中队（全国平均 40%），平均 1 个中队覆盖 6.3 个乡镇，安溪县某中队甚至管辖 13 个乡镇。甘肃省按照一个乡镇设立一个交警中队的工作要求，截至 2019 年，已建成乡镇交警中队 1 225 个，但其中独立乡镇交警中队只有 167 个，与乡镇派出所合署办公交警中队 700 个，在乡镇交管站加挂牌子 358 个。尽管农村派出所具有交通管理职能，但还需担负治安、刑侦、反恐、禁毒等众多繁杂任务，警力覆盖不足使得人均监管里程过长，常态化地开展交通管理的时间精力不足，隐患排查、事故处理专业化水平不高。例如，2019 年吉林省公路（农村）中队拥有正式民警 853 人，占全省交警总数的 13.30%，承担着全省近 86%道路交通的管理任务，每个民警人均管辖道路里程 107.8 千米；云南省 16 个州市、129 个县（市、区）共有民警 9 700 余人、辅警 1.8 万余人，其中参与农村道路交通安全管理民警不足 2 000 人，管理云南省 23 万余千米农村道路，人均管理约 115 千米；贵州省毕节市农村地区设置交警中队 47 个，仅有民警 78 人，有 1 名民警的中队有 10 个，无民警中队有 9 个，农村地区乡（镇）中队民警人均管理农村道路 236.36 千米。

（3）农业机械。我国农业生产对农机的依赖程度越来越高，农机保有量日渐提升。当前及今后一段时期内，我国农业机械化将持续保持良好发展态势，新产品、新技术会不断涌现。近年来国家加大了农机购置补贴，农村各类车辆（含电瓶车、三轮车和农用车）增长迅速，无证驾驶、非法营运、超载现象屡禁不止。以遵义市为例，2018 年第一季度致人死亡交通事故中，农村事故占 58.62%。按照发生事故车辆类型统计，拖拉机事故占 2.17%，农用车事故占2.17%。

虽然国家出台一系列政策推动老旧农机更新，但淘汰不及时的情况依旧存在。特别是贫困偏远地区，情况尤为突出，有些极度贫困地区甚至还在使用三四十年前的农机设备进行耕种，这些机械存在着严重的安全生产隐患，对于农机操作人员的安全健康有着极大的威胁。

（4）自建房。近30年来，90%以上的农民住房进行了不同程度的翻修，新建及改建的自建房普遍达到三层以上，但大部分地区自建房建造处于无人监管的状态，缺少乡村规划，大多数没有办理乡镇建设规划许可证。2021年住房和城乡建设部相关统计显示，农村自建房中，一半以上由农民自行建造，约40%由建筑工匠建造，由有资质的施工队伍建造的房屋不足5%。但在农村非自建房中，近60%的房屋则是由有资质的施工队伍建造，30%左右由建筑工匠建造，采用其他方式建造的非常少。

从施工方面来说，农房建设安全标准落实不够，在用工与原材料的使用上更多考虑价格而忽略质量。绝大部分农房建设由于报价较低，多数房屋施工无勘察、无设计、无图纸；承建队伍无营业执照、无施工资质、无施工许可证，施工人员未经过安全生产教育培训，技术参差不齐；无资质作业情况屡禁不止，例如，许多农村电工无资质进行电力安装作业，导致触电事故频发；违规施工情况较多，不戴安全帽、施工用电私拉乱接、竹木脚手架等违规行为大量存在。

此外，大量无人居住的农村房屋年久失修，在日常和改造中都存在极大安全隐患。

（5）渔业船舶。近几年，我国各级海洋渔业管理部门认真贯彻党中央、国务院安全生产会议精神，加强渔业船舶生产安全监管和应急能力提升，但仍存在着不少问题。大马力渔船片面追求经济效益，超航区、超抗风等级作业的现象时有发生。船员临水作业不穿救生衣、船舱抽烟、船上酗酒的现象仍未杜绝。部分船东忽视船员教育，内陆雇工未经培训就上船生产，甚至招募不符合用工条件的雇工。对待安全工作，重形式轻实质，部分渔船不舍得在渔船救生、消防及其他安全设备设施的配备、购置和更新上投入，导致大量设备设施配置不齐全、以次充好、损坏失效。

从总体情况上来看，随着渔船大型化、航区和作业区的扩大化以及全球气候变暖引起的气象变化异常，渔业船舶生产风险水平不断提高，现阶段人员素质、技术能力、设备设施不能良好适应生产安全和应急管理的需要。

（6）病险水库。由于我国小型水库大多建于20世纪50—70年代，大多数工程既未经常规勘测，又无正常设计，只注重大干快上而忽略科学性、合理性，施工前和过程中未对材料、工艺进行质量控制，关键部位存在质量问题，主要表现为坝顶高程不满足防汛要求，上下游坝坡较陡或存在局部垮塌、滑坡现象，坡面未采取任何防护措施，溢洪道除进口段外均未衬砌，放水卧管渗漏破损严重等。同时，由于部分水库停用废弃、产权变更导致缺乏有效管理，大量安全隐患未能及时得到治理。

（7）地质灾害。目前，我国地质灾害治理工作收到了一定的效果，但管控能力仍存在不足。一方面，我国的地质条件复杂，多山区、丘陵等地形条件，不稳定的地质区域较多，但基层防治管理体系薄弱，机制不完善，难以适应地质灾害防治工作的需要，只关注能发现、已发现或已导致灾害的问题，防治工作缺少系统性、条理性，带有较大的盲目性。另一方面，我国南北地区之间的经济、技术的差异性大，不发达地区的地质灾害防治工作在人员配置、技术支持、治理经费等方面上，难以达到有效防治地质灾害的标准。

此外，部分基层管理管理部门和生产经营单位的地质灾害防治意识仍偏淡薄，缺少相应的地质灾害防治知识，在基础设施建设中没有充分进行地质灾害危险性评估，不按操作程序施工，致使人为因素引发的地质灾害时有发生。

（8）其他方面。除大农场、农垦区等发达地区以外的广大农村仍旧以小规模、超小规模的农业生产和农业加工为主，工厂化生产加工大量进入农村，小微乡镇企业和家庭作坊逐年增多，但整体安全水平较低。特别是在贫困地区，由于经济条件限制，大部分生产过程缺乏有效的安全措施。一方面，村民自建厂房仓库及对现有房屋改造的过程中，普遍存在无设计、设计不合理不合规、房屋改造前未进行评估的现象，材料选用不合格、施工过程不规范等情况更是屡屡发生，直接导致厂房仓库安全性先天不足。另一方面，特色产业工厂一般以村委会管理为主，参与管理的人员大多是农村中老年农业劳动力，缺乏专业生产和安全管理人员，或存在人员流失、更替率高的现象。未培训即上岗、基本作业能力薄弱、作业现场混乱无序、电力线路超负荷运转、设备设施未定期检查维修、消防通道堵塞、未制定相关应急预案、未储备救援物资等问题普遍存在，安全隐患随处可见。部分传统工艺规模化生产过程中存在的安全风险也并未得到充分辨识，未提出有效的防控措施。

此外，随着农村电商迅速发展，家庭农场、个体农户、手工作坊通过一二三产业融合发展，基本建立了比较完善的循环产业模式。但其中生产经营、人员居住、货物储存“三合一”的情况普遍存在，生产环节涉及农产品加工、机械加工、包装运输等多种模式，从业人员缺乏安全意识和安全操作技能，设备设施和作业现场安全隐患普遍存在，极易造成人员死伤。

在休闲农业快速发展的过程中，也存在大量综合性安全风险。我国休闲农业主要以“靠山吃山、靠水吃水”的原则进行开发，在选址方面天生缺乏有效的评估论证，受自然灾害影响较大。在各类景区场所建设过程中，基础设施、建筑物、游乐设备等建设前缺少勘察、设计，施工过程不规范，施工设施设备简陋，施工工艺质量低劣，未开展“三同时”建设。使用运营阶段则缺乏检查和维护，疲劳使用、超重超载、超报废期仍服役的情况屡见不鲜，也存在检修不规范、更换零部件不配套不合格等问题。基础设施、建筑物、游乐设备的安全性稳定性不足，带来了大量安全隐患。

5. 宣教形式、覆盖面及效果尚且不足　目前，我国存在部分农村农业对安全宣传教育的形式不适应的情况，安全宣传教育的覆盖面不够，很多安全宣传流于形式，存在表面化、走过场的情况，导致部分村民陈旧的安全观念仍旧没有改变。

一方面，农村农业安全宣传教育认知度不高，特别是经济欠发达地区安全宣传教育观念陈旧，在一定程度上使得农村农业安全宣传教育呈现形式化、同质化，宣教覆盖面和普及度较低。

另一方面，由于我国农村农业安全技术发展起步比较晚，基于农业机械、农药、防灾减灾、渔业船舶等方面的宣传教育尚处于不断实践、完善与创新阶段，宣传教育形式比较单一，缺乏目的性与针对性，不利于农村农业安全宣传教育作用的有效发挥。

此外，大部分农业管理部门和应急管理部门尚未建立完善农村农业安全宣传教育的长效工作机制，专业宣教培训人员数量不足、专业技术能力偏低，导致农村农业安全宣教工作仍处于初级阶段。

第七章　推进我国农村农业安全发展的对策建议

一、厘清农村农业安全治理边界范围

1. 开展农村农业安全治理风险综合评估　开展农村农业安全治理体系和现状的综合性评估，对农村农业危险源、危险区域进行普查登记，建立综合灾害风险数据库和防灾减灾区划体系。

一方面，通过综合性风险辨识与分析评估，厘清农村农业领域边界，明确农村农业安全工作的范围和内涵，科学界定农村农业安全治理与应急管理范围。另一方面，依据风险评估结果提出综合性风险管控方向，进一步明确农村风险防范的重点对象、重点区域和重点措施，全面提高农村农业综合应急管理的准确性和有效性。

2. 逐步健全农村农业安全法规标准体系　推动相关部门和机构尽快制定实施急需的农村农业安全法规和标准，补充相关农业技术标准，逐步健全农村农业安全应急法律法规、标准体系。

（1）健全我国农村农业安全法规体系。对现行法律法规及时进行修订，加快补充必要的农村农业安全标准，建立覆盖农村农业生产人员、农业机械与装备、农业农村建筑、农业环境、公共环境、畜禽生物系统等各个方面的涉及安全生产、运行、使用、管理、应急救援的农业安全法规标准体系。

（2）积极加入ILO相关公约。借鉴公约相关内容，进行合规性分析，补充完善现有法律法规要求。同时，通过对ILO《农业安全与卫生业务守则》《农业工效学检查要点》等技术手册的研究，形成适用于我国农村农业安全生产的各类规章制度。

（3）提高农业产业和农村范围的标准化服务水平。开发农业生产安全与应急管理标准信息系统，立足标准信息源头，着眼公共服务，集信息动态发布、意见征求、文本推送、标准宣贯、意见反馈、统计分析于一体，提高标准内容更新和补充编制效率，确保数据准确、推送快捷，便于各类从业人员使用。

二、强化农村农业安全发展体制机制

1. 梳理职能部门安全治理与应急管理职责　根据“三定方案”，依法梳理农业农村、应急管理、交通运输、住房和城乡建设、水利、旅游等部门在安全治理和应急管理方面的监管（管理）职责，确定各部门农村农业安全监管（管理）职责，进一步完善监管机制体制。

通过明确各职能部门的安全治理和应急管理责权，基层各级政府及其派出机构全面梳理行政区域内各类生产安全、自然灾害事故的预防应对工作，与行政区域内各类突发公共事件应急资源充分整合，建立起配合有力、运转高效的应急联动机制，实现预防联动、信息联动、物资联动，形成推动安全治理和应急管理工作的合力。

2. 建立健全安全生产与应急管理责任制　基于农业农村发展水平与监管能力之间的矛盾，进一步完善农村农业监管机制体制，落实安全生产责任制，是提高农村农业安全生产水平的重要手段。

一是健全农村农业安全生产责任体系、政策体系和制度体系，以行业领域为治理管理对象，将安全治理工作从农业机械、农药等方面逐步拓展，建立完善城乡统一的安全生产监督管理体制机制，覆盖农村农业安全生产各个方面。二是依据现有安全监管体制，形成国家、省市（垦区）、乡镇（作业区）三级监管模式，加强基层农业安全监管能力建设，适时将种粮大户、家庭农场、个体商户等生产经营模式纳入监管范围。

三、全面推进农村农业安全治理顶层设计

1. 明确各类规划中农村农业安全应急要求　在国家整体规划和行业领域专项规划中，将农村农业安全治理与应急管理要求纳入其中，根据工作需要制定短、中、长期规划，提出明确的发展方向和治理要求。

一方面，将农村农业安全生产纳入乡村振兴战略总要求，促进农村安全隐患整治与环境问题、社会治安等一体化综合治理，将农村安全文化与农村思想道德、优秀传统文化、公共文化、移风易俗建设相结合。在“城镇上山、工业上山”等工作中充分考虑农村农业相应安全生产、应急管理、防灾减灾环境和能力，从规划设计上进行统一考虑。

另一方面，在安全生产、应急管理、防灾减灾等规划中，将农村农业安全与应急纳入其中，除了持续对传统的农业机械、农药、渔业船舶、森林草原防火、地质灾害等领域进行更加深入、有针对性的布局之外，还需关注农民自建房、农村消防、农村新业态等方面内容。

2. 推动科研技术能力及社会化水平提升　充分发挥政策导向作用，加大政策倾斜、科研资金和人员投入，调动社会第三方力量参与的积极性，不断提升科技创新和农业技术推广能力，巩固提高现有成熟技术，促进全周期社会力量介入农村农业安全治理与应急管理。

鼓励各类安全生产和农业生产相关中介机构、科研院所参与农业安全生产研究和管理。以推进农业供给侧结构性改革为切入点，在研发推广节本增效、绿色环保技术的过程中，充分考虑安全设计要素。鼓励大中院校、农业科研机构、安全科研机构积极开展农村农业安全技术研发，树立大农业、大协作理念，加快提升农业科技原始创新能力。

把政府管理与社会参与有机结合起来，提高应急管理工作的社会化程度，为农业行业提供系统化的、高质量的安全咨询、评价、评审、培训、考核、认证、检验、检测及注册等各项技术性服务。促使政府引入社会专业技术力量，鼓励和扶持农业生产经营单位和农户选择中介技术服务，充分利用社会可用资源共同参与农业安全生产工作，为实现农业安全生产形势根本性好转提供强有力的支撑保障。

四、构建一体化的农村农业安全综合治理结构

1. 健全农村农业安全统计指标体系　通过研究完善农业安全生产统计指标，建立科学、适用的指标体系，及时准确分析农业安全生产形势，明确农村农业安全工作的重点和难点，找出薄弱环节，为改善农村农业监管困境提供支持。

一方面，将农村农业安全应急指标统计工作从农业机械、农药、渔业船舶等方面逐步拓展到自建房、农村工业、一二三产业融合等新行业领域，覆盖到农村农业安全生产各个方面，建立农村农业安全应急指标体系，有利于进一步明确农村农业安全现状，摸清底数，找到薄弱环节。

另一方面，将农村农业安全应急指标要素纳入我国各行业领域的统计指标体系中，形成一体化的国家数据体系，便于通过大数据分析找出农村农业安全发展的趋势，提出新农村建设和农业发展中安全发展的核心要求与目标，促进农村农业综合治理体系的建立提升。

2. 扩大农村农业安全群防群治覆盖面　发挥党领导下的村民自治（农村

共治）的制度优势，加强农村基层组织建设，将维稳调解、民兵、防灾减灾、消防、事故救援等方面的人员力量进行有机融合，设立群防群治的综合治理工作中心。

一方面，遵循“民主管理、全员参与、平战结合”的原则，打破行政界限，发挥平时管理预防、应急组织抢险的作用，建立健全农村农业综合风险监测、预测、预报、预警和快速反应系统，及时有效处置、控制事态发展。

另一方面，加快建立高效适用的基层综合治理应急平台，强化各行业领域主管部门与村委会、村民小组等基层自治组织之间的信息沟通和业务衔接，便于基层政府及派出机构对各类突发公共事件的统一协调和组织指挥。

五、提高农村农业重点风险管控力度与水平

1. 消防方面　具体措施如下：

一是全面落实农村农业消防工作责任制，建立农村消防安全工作网络。加大对农村农业消防工作的人力物力投入，整合基层消防救援力量，建立多种形式的消防队伍和自救互救组织。加强农业收获季节、森林草原防火期等火灾多发季节和重大节假日期间消防宣传，开展有针对性的消防隐患排查和日常巡查工作。

二是加强农村消防基础设施建设。将农村消防基础设施建设纳入村容村貌改造、乡村道路、人畜饮水工程等农村公共基础设施规划中，进行统一布局、建设和管理。

三是提高农村固有防火能力。加快制定新建、改建农村公共建筑消防标准检查要求，对建筑材料、电气线路布局提出明确要求。在推进“煤改气”“煤改电”过程中，加强拆除改建过程的消防安全监管和教育，建设符合消防规范要求的变电所、沼气池。通过财政补贴、宣传教育等方式，引导鼓励农村自建房使用耐火材料，选择质量合格的电气设备和家用电器。

2. 道路交通方面　强化农村道路交通安全综合监管，明确相关职能部门的职责和任务，统筹发展农村客运，加大对农村道路交通安全隐患排查整治，加强道路交通和客运安全监督检查。

一方面，建立完善农村道路交通安全“党政同责、一岗双责、齐抓共管、失职追责”责任体系。进一步强化乡镇一级农村道路交通安全属地管理责任，加大对乡镇一级交管办的工作支持投入力度，确保人力、财力、物力保障到位。

另一方面，从技术上推进公路安全生命防护工程建设。重点对临崖临水、急弯陡坡、高边坡农村公路实施路侧安全防护栏、防护墩建设安装工程。建立

农村道路灾害性天气预警信息接收和发布系统，强化恶劣气象条件下的应急管理，提高农村道路交通事故应急救援能力。

此外，督促加强农村道路交通安全宣传教育，严厉查处各类摩托车、拖拉机、变型拖拉机、低速货车交通违法行为，着力强化农村群众交通安全主动意识和文明养成。

3. 农业机械方面 具体措施如下：

一是持续推动农机监管信息化。全国联网的农机综合信息管理、农机安全监测数据分析与处理、农机安全应急救援处理等信息系统。重点解决变形拖拉机等历史遗留问题，制定全国统一的变型拖拉机报废标准，制定控制增量、消耗存量的政策措施。

二是提高县、乡、村三级农机监管效能。将基层农机监管工作与各类安全治理的日常工作相结合，设计标准化、模块化的监管手册。加强农业机械、农村加工机械等农业生产安全技术指导和从业人员安全操作技能培训，及时排除农机安全隐患。

三是促进农业机械化新技术新装备的发展。加快研发先进适用、技术成熟、安全可靠、节能环保、服务到位的机具。大力开展老旧农机具淘汰工作，保证农机购置补贴等政策的实施，以促进农机所有者积极主动地淘汰落后、不合规的农机具，从根本上保证农机安全。

4. 自建房方面 落实农村自建房建设主体责任、行业管理责任和属地管理责任，制定农房新建、改建、扩建管理办法，逐步规范农房建设。提升农村自建房、公共设施建设的安全标准等级，对农房设计给予相应指导。

一方面，通过实施农房建设规划许可、设计和技术指导、检查和验收等管理方式，完善农房选址、层数、层高等乡村建设规划许可内容的审核要求和流程，建立健全村庄、集镇建设工程的安全巡查制度。特别是针对经营性自建房，建立健全经营性活动审批阶段对于经营场所建筑结构安全的申报流程，明确涉及经营性场所建筑结构安全性的申报条件，使得经营性自建房安全在审批阶段有政策依据、有监管抓手。同时，结合自建房实际情况，对于不同经营使用功能的自建房结构安全标准，在合法性建筑内容中给予建筑结构安全明确规定，把具备结构安全标准的经营性场所作为经营许可审批前置条件。

另一方面，普及新建及改扩建农房的基本安全知识，逐步提高农民建房的质量安全意识，开展对农民建房安全知识和技能的培训，加强安全技术指导和服务，帮助施工队伍、施工人员和建房农户学习掌握安全知识。

5. 渔业船舶方面 切实加强渔业船舶安全生产工作的组织领导，健全乡镇（街道）、村社（公司）渔业安全生产基层管理组织，建立健全相关部门工作协调机制和渔业企业（船东）间的互保机制。

一是明确渔业船舶安全监管职责。进一步梳理农业农村、道路交通、应急管理、市场监管、海事、气象、公安边防等部门在渔业船舶安全监管工作的职能，将渔业安全生产考核指标纳入政府工作考核内容，落实属地管理主体责任。

二是提高渔船生产组织化。通过稳步实施“机械化换人、自动化减人”工程，着力降低渔船作业人数，提高渔船生产的科学化水平。推进动态管理信息化建设，促进渔港标准化建设和渔船分类管理工作，及时发送预警预报及航行通告信息，提高风险预控水平。

三是提高宣教针对性和普及度。充分利用“安全生产月”“5·12防灾减灾日”“6·8海洋宣传日”“平安渔业”和休渔期等重要活动和时间，广泛地开展安全警示性教育宣教工作。通过案例分析和技术讲解，深入细致开展渔业船舶安全教育培训，提高渔业船舶生产安全水平。

6. 病险水库方面　具体措施如下：

一是建立责权明确、管理科学的水库安全管理体制。持续组织开展病险水库安全鉴定工作，严格按照《水库大坝安全评价导则》（SL 258—2000）认真做好病险水库鉴定工作，统筹安排、科学规划，做好除险加固。全面掌握病险水库的水文、地质、质量及防洪能力等资料，查清工程存在的问题，找准隐患部位，分析产生的原因，提出处理措施，为水库安全管理提供依据。

二是推行小型水库体制改革。通过多途径拓展筹资渠道，设计多元化、多层次、多成分的水利筹资机制，健全基层水库服务机构，明确小型水库管理单位的性质和管理权属，确保水利标准化建设、规范化管理、效益化运行。

7. 地质灾害方面　具体措施如下：

一是强化隐患调查排查和易发区地质灾害危险性评估，提高预警的准确性和时效性。科学规划，充分认识地质灾害突发性、隐蔽性、破坏性和动态变化性特点，进一步加强对地质灾害调查评价、监测预警、综合治理、应急防治等工作的推动。

二是完善群测群防，推进群专结合。推广先进典型经验，进一步完善全覆盖的地质灾害群测群防监测网络。对调查、巡查、排查、复查中发现的所有崩塌、滑坡、泥石流和地面塌陷等地质灾害隐患建立群测群防制度，给予财政补贴支持。

三是继续实施地质灾害搬迁避让、地质灾害工程治理、地下水地下矿产开发控制。结合“易地扶贫搬迁”“生态移民”等任务，通过积极避让、重点治理、控制沉降，从源头避免地质灾害事故造成的人员财产损失。

8. 其他方面 针对农业农村一二三产业融合快速发展的现状，应当建立“政府领导、行业主抓、部门协作、社会参与”的监管工作机制，明确农村旅游、农村电商等新业态的监管部门，细化综合管理部门、行业主管部门和相关业务部门的安全监管工作分工，理顺监管内容，落实监管职责，建立健全安全生产责任制体系。同时，通过明确经营准入门槛、制定安全生产要求、推进标准化建设等工作，从源头入手，全面提高农业农村新业态的安全水平。

六、提高农村农业基础建设水平及宣教能力

1. 提升农村安全与应急基础能力 加强农村基础硬件设施建设，保证安全投入，解决农村历史累积的各类安全问题，提高应急救援队伍与能力水平，进一步完善农村农业应急保障机制。

一方面，主动增加对农村农业基础硬件设施建设的投入，加强生产安全和应急救援基础设备设施建设，将安全与应急基础建设要求纳入新农村建设的总体要求中，在提高农村生产生活现代化水平的同时提高安全与应急基础建设水平。

另一方面，加强应急专业救援队伍建设，不断增强救援能力。加大基层政府对农村农业各类突发公共事件应急救援装备的经费投入和对应急保障物资的储备力度。依托农村公共资源大力实施农民安全素质提升工程，增加农村应急队伍建设及培训经费，提升村民自救能力。

2. 积极促进融合性安全宣教培训 通过传统课堂和新型非课堂式培训形式，广泛开展农村农业安全宣教工作，形成安全与专业有机结合的宣教培训模式，促进村民摒弃安全陋习，提高安全意识。

第一，依托“三下乡”工作，在开展先进农业技术培训的同时，进行生产安全和应急管理培训。将安全生产教育作为各类农业技术培训的一部分，编制实用、科学、易懂的安全培训教程，设计面向不同教育水平、小规模和超小规模生产、季节性生产等各类从业人员的课程，结合农业生产季节性、地域性合理安排培训时间，鼓励各类农业农村从业人员积极参加相关培训。

第二，将安全培训与生产就业相结合，对返乡创业农民、从事农村建筑、水电安装、车辆驾驶、农业机械操作、维修等农村农业特殊人员进行有针对性的安全业务培训，将安全培训纳入就业技能训练大纲，在切实提高业务能力的同时增强安全意识和安全水平。

第三，广泛利用村社微信群、QQ 群、手机短信群发平台和村村通广播，有针对性地开展用火、用电、用气、交通、应急处置等安全常识宣传，努力营造浓厚的社会宣传氛围。通过大力宣传安全生产法律法规，不断增强农村农业各企事业单位和农民群众安全责任意识和法制意识。

附　　录

附录 1　我国农村农业部分名词释义

1. 乡村和城镇

• 《统计上划分城乡的规定》（国务院于 2008 年 7 月 12 日国函〔2008〕60 号批复）

— 第三条：以我国的行政区划为基础，以民政部门确认的居民委员会和村民委员会辖区为划分对象，以实际建设为划分依据，将我国的地域划分为城镇和乡村。

— 第四条：城镇包括城区和镇区。城区是指在市辖区和不设区的市，区、市政府驻地的实际建设连接到的居民委员会和其他区域。镇区是指在城区以外的县人民政府驻地和其他镇，政府驻地的实际建设连接到的居民委员会和其他区域。与政府驻地的实际建设不连接，且常住人口在 3 000 人以上的独立的工矿区、开发区、科研单位、大专院校等特殊区域及农场、林场的场部驻地视为镇区。

— 第五条：乡村是指本规定划定的城镇以外的区域。

• 美国：1950 年后规定，不论其是否组织成自治单位，凡人口在 2 500 人以下或人口在每平方英里 1 500 人以下的地区及城市郊区算作乡村。

• 欧洲：各国一般以居住地在 2 000 人以下的定义为乡村。

2. 乡镇

• 农业普查：行政建制是乡、镇，包括重点镇、非重点镇和乡。不包括街道办事处和具有乡镇政府职能的农林牧渔场等管理机构。

3. 村

• 农业普查：指村民委员会和涉农居民委员会所辖地域。自然村指在农村地域内由居民自然聚居而形成的村落，自然村一般都应该有自己的名称。

4. 农村

• 第二次农业普查：村民委员会所辖地域，不包括主要由非本村户籍村民居住的集中连片的商品房小区；有农业用地且未完成农业用地的国有化和股份化改造，或本地人口的户籍性质仍为农业，或者仍沿用村民委员会管理模式、其人口不能享受城镇社会保障等城镇居民待遇的居民委员会。

5. 农业（农业产业、第一产业）

• 国内

—《农业法》第二条第一款：农业，是指种植业、林业、畜牧业和渔业等产业，包括与其直接相关的产前、产中、产后服务。

—《国民经济行业分类》(GB/T 4754—2017)：A 农林牧渔业（01－05），其中，A01 农业（对各种农作物的种植）；A02 林业（包括 021 林木育种和育苗，022 造林和更新，023 森林的经营、管护和改培，024 竹木采运，025 林产品采集）；A03 畜牧业（获得各种畜禽产品而从事的动物饲养、捕捉活动）；A04 渔业（包括 041 水产养殖、042 水产捕捞），A05 农、林、牧、渔专业及辅助性活动（包括农产品初加工活动）。

—《三次产业划分规定》（2013 年）：第一产业是指农、林、牧、渔业（不含农、林、牧、渔服务业）。

—《全国农业普查条例》第九条：农业普查对象是在中华人民共和国境内的下列个人和单位：一、农村住户，包括农村农业生产经营户和其他住户；二、城镇农业生产经营户；三、农业生产经营单位；四、村民委员会；五、乡镇人民政府。第十一条：农业普查行业范围包括：农作物种植业、林业、畜牧业、渔业和农林牧渔服务业。

• 国外

—《1969 年（农业）劳动监察公约》[Labour Inspection (Agriculture) Convention，1969]："农业企业"一词指从事种植、畜牧（包括牲畜的繁殖和饲养）林业、园艺、经营者对农产品的初加工或其他形式农业活动的企业或企业所属部分。

—《2001 年农业中的安全与卫生公约》(Safety and Health in Agriculture Convention，No. 184，2001)："农业"一词适用于在农业企业中从事的农业和林业活动，包括由企业经营者或代表其进行的农作物生产、林业活动、畜牧业与昆虫养殖、农产品和畜牧产品初加工，以及使用和维修机器、设备、用具、工具及农业装置，包括农业企业中的同农业生产直接有关的加工、储存、操作或运输。不包括：①自然农业；②用农产品作为原材料的工业加工及有关的服务；③森林的工业开发。

— ILO 规定：自营就业农民包括：①小佃农和分成制佃农；②小土地所有者——经营者；③参加集体农业企业的人员，如农业合作社社员；④国家法律和惯例所界定的家庭成员；⑤自给自足的农民；⑥农业中其他自营就业工人（视国家法律和惯例而定）。

6. 农产品初加工活动

• 《国民经济行业分类》(GB/T 4754—2017)：指对各种农产品（包括天然橡胶、纺织纤维原料）进行脱水、凝固、打蜡、去籽、净化、分类、晒干、剥皮、初烤、沤软或大批包装以提供初级市场的服务，以及其他农产品的初加工；其中棉花等纺织纤维原料加工指对棉纤维、短绒剥离后的棉籽以及棉花秸秆、铃壳等副产品的综合加工和利用活动。

• 《三次产业划分规定》(2013 年)：农副食品加工业属于第二产业（制造业）C13；农、林、牧、渔服务业属于第三产业（服务业）A05，开采辅助活动属于第三产业（服务业）B11。

7. 农业生产经营组织

• 《农业法》第二条第二款：本法所称农业生产经营组织，是指农村集体经济组织、农民专业合作经济组织、农业企业和其他从事农业生产经营的组织。

8. 农业经营主体

• 农业普查：农业生产经营户和农业生产经营单位，既包括农村地域也包括城镇地域内的农业生产经营户和农业生产经营单位。

9. 农业经营单位

• 第三次全国农业普查：以从事农业生产经营活动为主的法人单位和未注册单位，以及不以农业生产经营活动为主的法人单位或未注册单位中的农业产业活动单位。既包括主营农业的农场、林场、养殖场、农林牧渔场、农林牧渔服务业单位、具有实际农业经营活动的农民合作社；也包括国家机关、社会团体、学校、科研单位、工矿企业、村民委员会、居民委员会、基金会等单位附属的农业产业活动单位。即：农业生产经营户、非住户类农业生产经营单位。

10. 农业生产经营户、农业生产经营单位

• 第二次全国农业普查：是指在农用地和单独的设施中经营农作物种植业、林业、畜牧业、渔业以及农林牧渔服务业，并达到以下标准之一的住户和单位：①年末经营耕地、园地、养殖水面面积在 0.1 亩及以上；②年末经营林地、牧草地面积在 1 亩以上；③年末饲养牛、马、猪、羊等大中型牲畜 1 头及以上；④年末饲养兔等小动物以及家禽共计 20 只及以上；⑤2006 年全年出售和自产自用的农产品收入超过 500 元以上；⑥对本户或本单位以外提供农林牧渔服务的经营性收入在 500 元以上，或者行政事业性农林牧渔服务业单位的服务事业费支出在 500 元以上。

• 农业生产经营户：按照从业地域，包括农村农业生产经营户、城镇农业生产经营户。

11. 规模农业经营户

• 第三次全国农业普查：指具有较大农业经营规模，以商品化经营为主的农业经营户。规模化标准为：

— 种植业：一年一熟制地区露地种植农作物的土地达到 100 亩及以上、一年二熟及以上地区露地种植农作物的土地达到 50 亩及以上、设施农业的设施占地面积 25 亩及以上。

— 畜牧业：生猪年出栏 200 头及以上；肉牛年出栏 20 头及以上；奶牛存栏 20 头及以上；羊年出栏 100 只及以上；肉鸡、肉鸭年出栏 10 000 只及以上；蛋鸡、蛋鸭存栏 2 000 只及以上；鹅年出栏 1 000 只及以上。

— 林业：经营林地面积达到 500 亩及以上。

— 渔业：淡水或海水养殖面积达到 50 亩及以上；长度 24 米的捕捞机动船 1 艘及以上；长度 12 米的捕捞机动船 2 艘及以上；其他方式的渔业经营收入 30 万元及以上。

— 农林牧渔服务业：对本户以外提供农林牧渔服务的经营性收入达到 10 万元及以上。

其他：上述任一条件达不到，但全年农林牧渔业各类农产品销售总额达到 10 万元及以上的农业经营户，如各类特色种植业、养殖业大户等。

12. 农业从业人员

• 第二次全国农业普查：指从业人员中以从事农业为主的从业人员。包括我国境内全部农村住户、城镇农业生产经营户和农业生产经营单位中的农业从业人员。

13. 农业生产经营人员

• 第三次全国农业普查：指在农业经营户或农业经营单位中从事农业生产经营活动累计 30 天以上的人员数（包括兼业人员）。

14. 新兴现代农业

•《新产业新业态新商业模式统计监测制度（试行）》：现代设施农业种植、现代设施林业经营、现代设施畜牧养殖、现代设施水产养殖、现代农业服务业。

15. 农业生产组织

•《新产业新业态新商业模式统计监测制度（试行）》：农业托管服务、农业循环利用、农民合作社、专业大户、家庭农场、龙头企业、农业产业园区。

— 农业托管：指农户将具有承包经营权的土地，在不放弃土地经营权的情况下，将土地的经营过程委托他人或组织代为管理的活动。

— 农业循环利用：指农业废弃物的循环利用，主要包括利用畜禽粪便、农作物秸秆、谷壳、饼粕、蔬菜和瓜果的副产品、藤蔓等制作成有机肥料、饲料、燃料、食用菌基料和工业原料等综合利用活动。

• 《战略性新兴产业分类（2012）（试行）》：1.3.4 农林废弃物资源化利用，包括 0519 其他农业服务、0529 其他林业服务、0530 畜牧服务业、0540 渔业服务业。

— 农民合作社：指有合作社的名称，符合《农民专业合作社法》中关于合作社性质、设立条件和程序、成员权利与义务、组织机构、财务管理等要求的名称为农民专业合作社的农民互助性经济组织，包括已在工商部门登记和虽未登记但符合上述要求的农民专业合作社，不包括以公司等名称登记注册的股份合作制企业、社区经济合作社、供销合作社、农村信用社等。

— 专业大户：从事某种农产品的专业化、集约化生产，种养规模明显地大于传统农户或一般农户，需要雇佣家庭成员外的劳动力从事农业生产活动。专业大户以当地主管行政主管部门所定标准进行认定（与规模农业经营户还有所不同）。

— 家庭农场：以家庭成员为主要劳动力，从事农业规模化、集约化、商品化生产经营，并以农业为主要收入来源的新型农业经营主体。

— 龙头企业：以农产品生产、加工或流通为主业，通过各种利益联结机制与农户相联系，带动农户进入市场，使农产品生产、加工、销售有机结合、相互促进，在规模和经营指标上达到了规定标准，并经县级及县级以上农业产业化部门认定的农业产业化龙头企业。

— 农业产业园：指现代农业在空间地域上的聚集区，是在具有一定资源、产业和区位等优势的农区内划定相对较大的地域范围优先发展现代农业。

16. 农村一二三产业融合发展

• 《新产业新业态新商业模式统计监测制度（试行）》：开展餐饮住宿、采摘、垂钓、农事体验的农户和单位，开展乡村旅游的村和农户，网上销售农产品的农户。

— 开展餐饮住宿的农户和单位：指以农业生产过程、农村风情风貌、农民居家生活、乡村民俗文化为基础，开展餐饮住宿经营活动的农户和单位。

— 开展采摘的农户和单位：指以农作物收获为基础，开展农事体验活动的农户和单位。

— 开展垂钓的农户和单位：指经营钓鱼等休闲娱乐活动的农户和单位。

— 开展农事体验的农户和单位：指以农业生产过程为基础，吸引游人体验农业生产活动的农户和单位。

— 开展乡村旅游的村和农户：以乡村文化和农村景观等为基础，开展旅游经营活动的村和农户。

— 开展网上销售农产品的农户：指通过互联网方式销售（包括网上联络、线下结算和线上直接结算）农产品的农户。

17. 农业机械化

• 《农业机械化促进法》第二条：是指运用先进适用的农业机械装备农业，改善农业生产经营条件，不断提高农业的生产技术水平和经济效益、生态效益的过程。农业机械，是指用于农业生产及其产品初加工等相关农事活动的机械、设备。

18. 乡村振兴战略

• 2017 年 10 月 18 日，习近平总书记在十九大报告中提出。

19. 新型工农城乡关系

十八届三中全会提出，城乡二元结构是制约城乡发展一体化的主要障碍。必须健全体制机制，形成以工促农、以城带乡、工农互惠、城乡一体的新型工农城乡关系，让广大农民平等参与现代化进程、共同分享现代化成果。要加快构建新型农业经营体系，赋予农民更多财产权利，推进城乡要素平等交换和公共资源均衡配置，完善城镇化健康发展体制。

附录 2　澳大利亚农场安全管理资料样例

附件 1　农场安全行动计划

附件 2　工人安全入门培训须知

附件 3　消防安全——灭火器的使用及维护

附件1

农场安全行动计划

（澳大利亚农业健康及安全中心2014年5月修订）

管理农场健康安全风险

管理职业健康安全风险包括四步：

1. 辨识危险源——找到什么可能导致伤害

2. 评估风险（如果有必要）——了解危险源导致损害的性质、损害发生的可能性和后果的严重程度

3. 控制风险——消除或实施在这种情况下合理可行的最有效措施

4. 检查控制措施——确保控制措施按计划进行

如果合理可行，必须选择消除风险的控制措施。如果消除风险的措施不可行，那就要尽可能将风险降至最低。

管理者安全风险管理责任

管理者负有管理职业健康安全风险的责任。存在多个管理者参与同一个项目或在同一场地工作时，需要同时分担责任。这些管理者必须在合理可行的范围内与其他承担职业健康安全任务的人员进行协商、合作和协调。

管理者可以授权相关人员进行风险管理，但每个管理者最终都要根据法律承担这个责任。

每个管理者必须确保相关工作人员及他们的健康安全代表参与风险管理过程。

什么是“合理可行”

“合理可行”地保护人员免遭伤害，需要考虑和权衡所有密切相关的问题，包括：

1. 危害或风险发生的可能性

2. 危害或风险可能造成的伤害程度

3. 危害或风险的知识

4. 消除或最小化风险的方法

5. 消除或最小化风险的有效性和适用性

如果有已知的（可接受的）控制措施，则应该使用该控制措施。

持续记录——安全行动计划

当风险管理活动持续有效时，持续记录是一种很好的做法。持续对风险管理过程进行记录能够证明工作的合规性，并对后续风险评估提供帮助。

农场安全行动计划

所有人或管理者：____________________ 填表人：____________________
农场名称和地址：____
电话：____________________ 传真：____________________ 填表日期：____________________

危险源	风险等级	行动计划	费用	完成日期	实施日期	责任人	备注

附件 2

工人安全入门培训须知

本文件旨在促进农场主和农场管理人员与工人之间的沟通，从而降低农场人员受伤及患病的风险。只有在农场有效实施农场安全风险管理计划时，方可使用本文件。

欢迎来到我们的农场工作，希望这是一份令你觉得有趣且有回报的工作。确保所有在本农场工作及生活的人员健康与安全是我们共同承担的最为重要的责任。

你必须了解自身在职业健康及安全方面的责任，这一点很重要。此外，你还须了解农场管理层为确保你及其他进入本农场人员的健康与安全所作出的承诺。

你的安全既是我们的责任，同样也是你的责任。如果你觉得无法安全完成某项工作，那么请不要贸然去做，把问题汇报给你的上级主管或农场经理，让我们一起解决问题或者找出能够安全完成工作的方法。

所有工作场所都必须有相关规定与指南，以确保各项安全作业规程得以贯彻实施。本手册列出了你在本农场工作时应遵循的相关规定与指南。请认真阅读本手册，如有不理解的地方，请务必提问、寻求解释。

本农场涉及的危险事项

请查看农场地图，我们已经把那些可能会对你工作构成影响或对你的工作有针对性的危害或危险项目在地图上标记了出来，具体包括：

☐ 供电线路；
☐ 水坝；
☐ 湿区；
☐ 只有在旱季才能用的道路。
☐ ______________________________
☐ ______________________________

工作服

工作时应穿戴不会构成安全风险的合适衣着，具体包括：

☐ 适宜在农场工作的带防滑底的工作靴；
☐ 全身型工作服、长裤或妥当合宜的工作短裤；
☐ 长袖衫（推荐），并扣上手腕部位袖口纽扣；如果卷起袖子，则务必卷好固定，不要松散下来，以免被卷夹到机械设备内或被勾到；

□ 上衣下摆要塞到裤子里，不要让衣服松散的部位（包括夹克的系带拉绳等）被卷夹到机械设备内；

□ 室外工作时应佩戴带宽帽檐的帽子；

□ 每天结束工作后，尤其是涉及化学品的工作，应清洗工作服。

□ ____________________

□ ____________________

卫生

良好的个人卫生有助于降低因接触危害物质而被感染或污染所导致的患病风险。你必须：

□ 确保自身在工作结束后以及在接触了杀虫剂、狗、其他动物后进行清洗，特别是在吃饭前；

□ 确保定期清洗你的工作服。如果你在喷洒了农药或杀虫剂的区域工作的话，则须每天清洗。如果衣服已经被农药杀虫剂污染了，不要再穿上；

□ 不得在建筑物室内、农场车辆或带驾驶室的机械内抽烟；

□ 注意确保自身已经接种破伤风疫苗，且一直在有效期内；

□ 不得私藏、滥用酒精，或处于酒后状态；

□ 如果你在上班时间需要随身携带相关处方药，则须告知你的上司。对需要随身携带哮喘药物的工作人员而言，这一点尤其重要。

□ ____________________

□ ____________________

穿戴防护服及个人防护设备

我们提供防护服及防护装备为你在从事危险性工作时提供保护。你必须按照规定使用此类防护服及防护装备，个人防护设备使用后应进行清理并妥善放好。如果发现此类防护设备发生破损，或无法取用或不会使用，必须向你的上级汇报。

个人防护设备包含下列各项：

□ 在有噪声影响工作的情形下使用的耳塞（内塞型或外盖型）；

□ 在骑摩托车和四轮摩托车或骑马时用来保护头部的头盔；

□ 在接触杀虫剂及在有污染区域工作时佩戴或穿戴的防护手套、面罩、全身型防护服；

□ 在存在粉尘（包括颗粒尘）问题的工作环境下工作时，或你有哮喘或其他呼吸类疾病时须佩戴的面罩或呼吸面罩；

☐ 在进行焊接时须佩戴的护目镜、焊接工作头罩、手套及其他防护服；

☐ 裸露在外的皮肤须涂防晒用品。

☐ ______________________________

☐ ______________________________

充足的食物及饮用水

在工作日，尤其是在炎热天气，你应保证自身饮水充足且干净，这一点至关重要。

☐ 每天上工前，你须确保自身备好了足够当天用量的食物与饮水，一天至少需要一瓶五升装的纯净水。

☐ 农场的地表水不适宜饮用，这些水有可能会被杀虫剂或动物粪便所污染。

☐ ______________________________

☐ ______________________________

疲劳

农场一年当中总有几个非常繁忙的季节时段，这种时候往往需要在夜间作业。

遇到这种忙季时，希望你能经常休息片刻缓解自身疲劳。疲劳会加大事故风险以及机械设备操作人员受伤概率，因为人在疲劳后反应能力会变慢，且注意力下降。

☐ 在夜间工作时特别需要注意保持警觉。

☐ ______________________________

☐ ______________________________

驾驶摩托车和四轮摩托车

你必须：

☐ 穿戴合适的衣着，包括结实的长裤与靴子。在骑农场摩托车时必须佩戴头盔，并视具体情况佩戴工作手套或骑车手套；

☐ 每天上工前，检查轮胎、各类护罩盖板及链条松紧度，并确保刹车系统工况正常；

☐ 仔细阅读所骑摩托车的用户手册；

☐ 四轮摩托车禁止载人；

☐ 农场内所有车辆一律限速________千米/小时；
☐ 16 岁以下人员禁止开四轮摩托车。
☐ ______________________________
☐ ______________________________

骑马

☐ 在农场骑马时，须穿戴合适的衣着，包括贴身长裤、骑马靴及头盔；
☐ 每天上工前，你须检查骑具的状况及安全性；
☐ 你还应照顾好马。
☐ ______________________________
☐ ______________________________

农场化学品接触处理

本农场可能用到的杀虫剂包括我们用来杀灭或控制害虫、杂草、霉菌病或老鼠的化学品，以及用作肥料及燃料的化学品。

☐ 所有接触杀虫剂的人员都必须严格遵守杀虫剂标签上有关混合及使用说明的规定；

☐ 如果你看不懂或搞不清这些规定，则请务必在开工前寻求帮助；

☐ 必须按照杀虫剂说明书规定穿戴防护服及个人防护设备；

☐ 在使用杀虫剂时，确保自身随时备有充足的水以清洗自身，且有干净的衣物可供更换；

☐ 完成杀虫作业后，杀虫剂应妥善放回化学品储存区锁好，并在《农场化学品登记簿》上做好登记；

☐ 农场备有相关危害性物质的《安全数据表（SDS）》，在需要时，你可索取查阅。

☐ 《农场化学品登记簿》及《安全数据表》存放于下列位置：__________
____

☐ ______________________________
☐ ______________________________

机械操作及维护

☐ 每天上工前（在使用任何机械前或在当天首次使用该机械前），检查机械的燃油、机油、水、传动液等的液位及轮胎、刹车与各类护板罩盖的工况；

☐ 在使用任何机械前，请务必检查并确保所有护罩盖板完好无损且正确就位；

☐ 如机械发生故障或出现任何可能会影响你安全操作且你无法修理的情况，包括因相关护罩盖板受损或缺失导致机械活动零部件外露，从而带来安全危险和危害的情形在内，你须汇报给你的上级；

☐ 如果你需要在不关闭发动机的情况下暂时离开机械，则必须确保设备离合切断，且机械处在“驻车”状态；

☐ 如果你需要移除护罩盖板进行机械维护或清堵，则需关掉发动机并拔掉钥匙；

☐ 在完成机械修理后重新启动前，你必须把之前移除的护罩盖板装回去；

☐ 在机械下方工作时，你必须确保机械停锲妥当并支撑到位；

☐ 在使用并移动高度较高的机械时，你须注意查看是否会途经头顶上方有电线的地方或位置。

☐ ________________

☐ ________________

搬运货物

☐ 在搬运货物前，你应检查场地情况及搬运设备，以确保安全；

☐ 遇到公羊、盲羊（视线因羊毛长在眼睛上而受阻）、公牛或带小牛的母牛时，必须特别注意避免被它们撞到或刺伤。

☐ ________________

☐ ________________

蛇

农场内及周边有蛇出没，特别是在水坝与溪流附近，许多蛇有毒。

☐ 如果你遇到蛇，应当避开且放它走。如果邻近区域有其他工人工作，告知他们蛇往哪个方向去了；

☐ 如果被蛇咬了，请在伤口上覆上一块硬板并用绷带绑牢，尽量让被蛇咬的肢体保持静止不动状态；

☐ 安抚受伤人员情绪，待在原地等待；

☐ 立即用通信工具呼救。

☐ ________________

☐ ________________

做好应急准备

☐ 如遇紧急情况，请拨打000（三个零）呼叫消防队、救护车或警方求救；

☐ 每天上工前，将你当天计划要去农场工作的具体位置以及你计划下工回家的时间通报他人；

☐ 紧急救援工具包的存放位置：________________

☐ 紧急救援电话位置：________________

☐ 农场中通过培训能提供紧急救援的人员为：________________

☐ 应急预案存放位置：________________

☐ 农场通信的特高频（UHF）频道为：________________

☐ 农场电话号码为：________________

☐ ________________

☐ ________________

受伤上报及受伤管理

农场备有农场人员受伤情况登记表，供你在因农场工作导致受伤或患病时上报并登记用。只要受伤或患病，无论大小病伤，一律需要登记。

受伤登记表存放位置：________________

我们还备有工人赔偿表供你使用，需要时请联络农场主或农场经理索取。

如果你在本农场工作期间受伤，我们会竭尽全力给你提供帮助，以使你能够顺利返岗返工。如果你受伤后无法继续从事之前的岗位工作，我们会和医生以及其他健康服务机构一起找出适合你做的其他工作。

农场负责帮助受伤工人返岗返工的人员为：________________

☐ ________________

总体规定

按照法律规定：

☐ 农场主和农场经理应提供安全工作场所及安全工作流程；

☐ 工人对自身健康与安全负责，且不得给同事或工友造成伤害；

☐ 要切实履行你我双方的这些义务，我们需要你进行协助，将自身遇到或发现的任何安全危险或问题上报农场主或农场经理；

☐ 法律要求保障所有进入本工作场所的访客及承包商的安全。你应密切留意农场是否存在有损或有害于自身家庭成员、承包商及其他进入本农场人员健康与安全的相关危险和危害因素；

☐　此外，你还须积极配合执行我们的健康与安全计划、遵循我们旨在确保你自身安全及他人安全的各项要求；

☐　本农场上有儿童。保证儿童的安全是我们安全工作的重中之重，在驾驶车辆或机械时，请务必小心，在倒车时务必先确认周围没有儿童逗留。

禁止儿童驾驶拖拉机或其他农用机械；
饲养动物的场地严禁儿童进入。

免责声明

本文件不以任何方式免除任何人应采取所有合理措施确保自身及他人健康与安全的义务。不同州及地区的相关法律规定或有出入。因此，有必要咨询所在州或所在区域职业健康及安全部门进行确认、获取相关信息。

本农场的人员安全高于一切

——在我们面对压力时尤其如此！

声明：

本人已阅读本手册规定的各项职业健康与安全须知，并与自身主管上司进行了讨论与沟通，已弄清并确认接受本人职责。

本人谨此同意遵循本手册所有要求事项，以确保本农场所有人员的健康及安全。

工人

签字人：____________________日期：____________________

姓　名：____________________（打印姓名）

经理

签字人：____________________日期：____________________

姓　名：____________________（打印姓名）

备注事项：

附件 3

消防安全——灭火器的使用及维护

手持式灭火器

恰当使用手持式灭火器有助于降低或消除企业在发生小型火灾时造成的人员伤害及经济损失。

灭火器的选择

火灾等级	举例说明	灭火器类型
A	布、纸、纸板及木头	• 水 • 泡沫 • 粉末
B	石油类产品	• 粉末 • 泡沫 • 二氧化碳
C	气体火灾	• 粉末
E	电气火灾 保险丝盒	• 粉末 • 二氧化碳
F	烹饪油脂	• 灭火毯 • 粉末

灭火器标识

水灭火器：红色，带彩色条纹；

泡沫灭火器：红色，带蓝色条纹；

粉末灭火器：红色，带白色条纹；

二氧化碳灭火器：红色，带黑色条纹。

灭火器及标志安装

灭火器安装高度

最大高度：地面到灭火器把手 1 200 毫米；

最小高度：地面到灭火器底 100 毫米。

位置及标志安装高度

最小高度：地面以上 2 000 毫米。

• 确保安装在普通身高及普通视力人员可见的地点。

• 灭火器或灭火器标志必须设置在 20 米视线范围内能清楚辨识的地点。

• 标志的尺寸应取决于如下因素：

— 能够辨识标志的位置；

— 能够辨识标志的距离。

• 必须至少在每台灭火器边上或上方设置一处标志，哪怕该标志指出了一组多台灭火器或一组不同混合灭火器的位置。

• 灭火器及火点位置标志的字符、边框及字体必须依照澳大利亚标准 AS 2700 规定采用红底白字格式。

• 澳大利亚标准《手持式灭火器及灭火毯选择与存放位置》（AS 2444—2001）就此作了全面且具体的规定。

火灾灭火器的维护

• 导致许多工作场所发生火灾的因素主要包括：工作场所存在燃油及点火点源、缺乏恰当适用的灭火器、缺乏培训、灭火器在紧急情形下不工作。

• 如未进行维护，或维护人员不能胜任维护工作，或缺乏灭火器维护经验，往往会导致火灾的灾情扩大恶化。

• 灭火器须由合格胜任的人员定期检查并定期维护。

• 根据法律规定，建筑物室内安设的手持式灭火器必须由具备资质的人员每 6 个月检查并维护一次。

• 所有灭火器必须安设在明显且方便取用的位置，灭火器周围净空至少应达 1 000 毫米。

• 根据《工作健康安全示范法案》规定，企业和事业经营主必须在工作场所妥善存放灭火器的测试、维护及检查记录。

灭火器维护记录妥善保存

建立设备维护集中记录表有助于避免因维护不良导致事故的情形。

记录内容

步骤 1：记录详情

• 将所有已实施的维护工作录入维护记录表。

— 灭火器维护日期；

— 设备维护人员；

— 设备维护内容；

— 识别出的危险和危害；

— 下次维护计划。

步骤 2：检查详情

• 维护记录留底一份，以备后查。

步骤 3：通知员工

• 确保所有雇员知悉有一台设备完成了维护，且知悉作业流程是否发生变化。

消防安全——灭火器的使用及维护

<table>
<tr><th colspan="4">灭火器类型</th><th colspan="6">火灾类型、等级及适用性</th><th rowspan="3">备注
（参见附件 B）</th></tr>
<tr><th colspan="2">颜色设计</th><th colspan="2" rowspan="2">灭火介质</th><th>A</th><th>B</th><th>C</th><th>E</th><th>F</th><th>D[1]</th></tr>
<tr><th>AS/NZS
1841—1997</th><th>AS
1841—1992</th><th>木材、纸张、塑料等</th><th>易燃液体</th><th>易燃气体</th><th>通电的电气设备</th><th>烹饪用油脂</th><th>金属火灾</th></tr>
<tr><td> </td><td> </td><td colspan="2">水</td><td> </td><td> </td><td> </td><td> </td><td> </td><td> </td><td>如用于易燃液体、通电的电气设备及烹饪用油脂会存在危险</td></tr>
<tr><td> </td><td> </td><td colspan="2">湿性
化学品</td><td> </td><td> </td><td> </td><td> </td><td> </td><td> </td><td>如用于通电的电气设备则存在危险</td></tr>
<tr><td> </td><td> </td><td colspan="2">泡沫[2]</td><td> </td><td> </td><td> </td><td> </td><td> 作用有限[3]</td><td> </td><td>如用于通电的电气设备则存在危险</td></tr>
<tr><td rowspan="2"> </td><td rowspan="2"> </td><td rowspan="2">粉末</td><td>ABE</td><td> </td><td> </td><td> </td><td> </td><td> </td><td> </td><td rowspan="2">不同类型的金属火灾有具体适用的专用粉末</td></tr>
<tr><td>BE</td><td> </td><td> </td><td> </td><td> </td><td> </td><td> </td></tr>
</table>

(续)

灭火器类型			火灾类型、等级及适用性						备注 (参见附件B)
颜色设计		灭火介质	A	B	C	E	F	D[①]	
AS/NZS 1841—1997	AS 1841—1992		木材、纸张、塑料等	易燃液体	易燃气体	通电的电气设备	烹饪用油脂	金属火灾	
		二氧化碳	作用有限[③]	作用有限					总体不适于室外使用。仅适用于小型火灾
		挥发性液体		作用有限	作用有限				请查看具体灭火介质的特性
		灭火毯	手电筒						

①D级火灾(涉及可燃金属),仅可用专门用途的灭火器并寻求专家建议。

②可与水混合的溶剂,如酒精及丙酮等,属于机性溶液,需采用特殊泡沫。此类溶剂一旦着火可烧毁常规防火等级达到AFFF的材料。

③指灭火介质不适用于该类火灾等级,但具备有限的灭火能力。

农场名称：　　　　　　　　　　地址：

日期	灭火器位置	维护详情和结果	下次维护	签字

附录3　我国乡村振兴战略重要文件清单（涉及安全治理和应急管理）

序号	文件名	发布时间	发布单位	涉及安全治理和应急管理章节	相关内容或关键词
1	《国家新型城镇化规划（2014—2020年）》	2014年3月16日	中共中央、国务院	第二十章　完善城乡发展一体化体制机制 第二节　推进城乡规划、基础设施和公共服务一体化 第二十一章　加快农业现代化进程 第二节　提升现代农业发展水平 第二十二章　建设社会主义新农村 第二节　加强农村基础设施和服务网络建设 第三节　加快农村社会事业发展	统筹规划、合理安排空间布局，推进公共服务向农村覆盖；完善城乡一体化体制机制；大力推动农业科技创新、农机农艺融合；关注农户饮用水安全、农村电网改造、公路网络建设；开展农村环境综合整治
2	《关于加大改革创新力度加快农业现代化建设的若干意见》	2015年2月1日	中共中央、国务院	一、围绕建设现代农业，加快转变农业发展方式 四、围绕增添农村发展活力，全面深化农村改革	加强县乡农产品质量和食品安全监管能力建设，建立全程可追溯、互联共享的农产品质量和食品安全信息平台；加强农业转基因生物技术研究、安全管理、科学普及；构建农村立体化社会治安防控体系，开展突出治安问题专项整治，推进平安乡镇、平安村庄建设

（续）

序号	文件名	发布时间	发布单位	涉及安全治理和应急管理章节	相关内容或关键词
3	《关于打好农业面源污染防治攻坚战的实施意见》	2015年4月10日	农业部	三、加快推进农业面源污染综合治理 （十一）大力推进农业清洁生产 （十二）大力推行农业标准化生产 （十五）大力培育新型治理主体 （十六）大力推进综合防治示范区建设 四、不断强化农业面源污染防治保障措施 （十九）加强法制建设 （二十一）加强监测预警 （二十二）强化科技支撑 （二十四）推进公众参与	推行减量化生产，加强农业清洁生产示范建设；关注农业生产全程监管、信息平台建设等，推动标准化生产；构建新型农业社会化服务体系，推进第三方治理引入；加强农业面源污染综合防治示范工程及示范区建设，强化执法体系，推动农业面源污染监测体系、预报与预警常态化和规范化；加强信息公开和公众监督
4	《关于加快推进生态文明建设的意见》	2015年4月25日	中共中央、国务院	一、总体要求 （一）指导思想 （三）主要目标 二、强化主体功能定位，优化国土空间开发格局 三、推动技术创新和结构调整，提高发展质量和效益 五、加大自然生态系统和环境保护力度，切实改善生态环境质量 （十五）全面推进污染防治 六、健全生态文明制度体系	形成节约资源和保护环境的空间格局、产业结构、生产方式；形成源头预防、过程控制、损害赔偿、责任追究的生态文明制度体系；实施主体功能区战略，健全空间规划体系，科学合理布局和整治生产空间、生活空间、生态空间；构建科技含量高、资源消耗低、环境污染少的产业结构，加快推动生产方式绿色化，大幅提高经

（续）

序号	文件名	发布时间	发布单位	涉及安全治理和应急管理章节	相关内容或关键词
4	《关于加快推进生态文明建设的意见》	2015年4月25日	中共中央、国务院	（十七）健全法律法规 （十八）完善标准体系 （二十）完善生态环境监管制度 七、加强生态文明建设统计监测和执法监督	济绿色化程度，有效降低发展的资源环境代价；水污染防治、环境风险防范与应急管理工作机制；坚持问题导向，针对薄弱环节，加强统计监测、执法监督
5	《2015年国家深化农村改革、发展现代农业、促进农民增收政策措施》	2015年4月30日	农业部	11. 农业防灾减灾稳产增产关键技术补助政策 22. 畜牧标准化规模养殖支持政策 35. 基层农技推广体系改革与建设补助项目政策 48. 国家现代农业示范区建设支持政策 50. 农村、农垦危房改造补助政策	提供防灾减灾稳产增产关键技术补助资金、农业技术补助、恢复农业生产补助等资金财务支持；鼓励推动畜禽标准化规模养殖；加强服务信息化，支持农业科技进村入户；推动农业体制机制创新；农村危房改造和农垦危房改造
6	《全国农业可持续发展规划（2015—2030年）》	2015年5月20日	农业部、国家发展和改革委员会、科学技术部、财政部、国土资源部、环境保护部、水利部、国家林业局	一、发展形势 （二）面临挑战 二、总体要求 （二）基本原则 三、重点任务 （一）优化发展布局，稳定提升农业产能 （三）节约高效用水，保障农业用水安全 （四）治理环境污染，改善农业农村环境	关注环境污染问题突出、农产品质量安全、监管机制缺失等问题；坚持创新驱动与依法治理相协同、当前治理与长期保护相统一、市场机制与政府引导相结合的原则；优化农业生产布局，加强农业生产能力建设，持续开展水资源红线管

（续）

序号	文件名	发布时间	发布单位	涉及安全治理和应急管理章节	相关内容或关键词
6	《全国农业可持续发展规划（2015—2030年）》	2015年5月20日	农业部、国家发展和改革委员会、科学技术部、财政部、国土资源部、环境保护部、水利部、国家林业局	五、重大工程 六、保障措施 （一）强化法律法规 （三）强化科技和人才支撑 （四）深化改革创新 （六）加强组织领导	理，防治农田—养殖污染；以最急需、最关键、最薄弱的环节和领域为重点，统筹资金安排，调整盘活财政支农存量资金，安排增量资金，积极引导带动地方和社会投入，全面夯实农业可持续发展的物质基础
7	《关于落实发展新理念加快农业现代化实现全面小康目标的若干意见》	2015年12月31日	中共中央、国务院	二、加强资源保护和生态修复，推动农业绿色发展 六、加强和改善党对“三农”工作领导	加快完善食品安全国家标准，到2020年农兽药残留限量指标基本与国际食品法典标准接轨；加强产地环境保护和源头治理，实行严格的农业投入品使用管理制度；推进县乡村三级综治中心建设，完善农村治安防控体系

（续）

序号	文件名	发布时间	发布单位	涉及安全治理和应急管理章节	相关内容或关键词
8	《关于扎实做好2016年农业农村经济工作的意见》	2016年1月18日	国家农业综合开发办公室	二、强化农业技术装备和条件建设，夯实现代农业发展基础 三、加强农业资源环境保护治理，促进农业可持续发展 四、加强农产品质量安全监管和动物疫病防控，提高农业生产风险防范水平 六、扎实推进农业农村改革创新，激发农业农村发展活力	构建现代农业产业体系、生产体系、经营体系；推动农村一二三产业融合发展，走产出高效、产品安全、资源节约、环境友好的农业现代化道路；强化农业生产风险防范，推动应急管理信息化建设
9	《中华人民共和国国民经济和社会发展第十三个五年规划纲要》	2016年3月16日	第十二届全国人民代表大会第四次会议	第十九章 第三节　健全农业社会化服务体系 第二十章 第一节　提升农业技术装备水平 第二节　推进农业信息化建设 第三十六章 第二节　加快建设美丽宜居乡村	健全社会化服务体系，引入第三方力量提供支持；加快推进农业机械化、智慧农业发展；加强农村建设，全面改善农村生产生活条件
10	《关于大力发展休闲农业的指导意见》	2016年9月1日	农业部、国家发展和改革委员会、财政部等14部门	一、重要意义 三、主要任务 （一）加强规划引导 （三）改善基础设施 四、保障措施 （二）加大公共服务 （三）加强规范管理 五、组织领导	建立生产标准化、经营集约化、服务规范化、功能多样化的休闲农业；开展休闲农业和乡村旅游提升工程；加强科技支撑，推进休闲农业和乡村旅游监测统计；加强规范管理，加大行业标准的制定和宣贯力度

（续）

序号	文件名	发布时间	发布单位	涉及安全治理和应急管理章节	相关内容或关键词
11	《全国农产品加工业与农村一二三产业融合发展规划（2016—2020年）》	2016年11月14日	农业部	（一）发展基础 三、主要任务 （三）做活农村第三产业，拓宽产业融合发展途径 四、重点布局 （一）融合发展区域功能定位 六、保障措施 （一）加强组织领导 （四）强化公共服务体系建设 （五）激发农民创业创新活力	大力推进农产品加工业与农村一二三产业交叉融合发展；开展农业标准体系建设；生产全过程管理，建立农产品质量安全监管体系；制定休闲农业行业标准
12	《农业生产安全保障体系建设规划（2016—2020年）》	2016年12月22日	农业部	全文	提升风险防控能力；农业生产安全保障体系建设
13	《关于深入推进农业供给侧结构性改革加快培育农业农村发展新动能的若干意见》	2016年12月31日	中共中央、国务院	一、优化产品产业结构，着力推进农业提质增效 四、强化科技创新驱动，引领现代农业加快发展	坚持质量兴农，实施农业标准化战略，突出优质、安全、绿色导向，健全农产品质量和食品安全标准体系；发展智慧气象，提高气象灾害监测预报预警水平

（续）

序号	文件名	发布时间	发布单位	涉及安全治理和应急管理章节	相关内容或关键词
14	《全国农业机械化安全生产“十三五”规划》	2017年2月7日	农业部办公厅	全文	“十三五”期间农业机械化安全生产目标要求、重点及各类保障
15	《决胜全面建成小康社会 夺取新时代中国特色社会主义伟大胜利——在中国共产党第十九次全国代表大会上的报告》	2017年10月18日		（三）实施乡村振兴战略	强调“三农”问题的关键性；加快推进农业农村现代化；强调农村制度体系建设；推动一二三产业融合发展；进一步加强“三农”工作队伍建设
16	《关于促进农业产业化联合体发展的指导意见》	2017年10月25日	农业部、国家发展和改革委员会、财政部、国土资源部、中国人民银行、国家税务总局	一、充分认识发展农业产业化联合体的重要意义 （一）有利于构建现代农业经营体系 （三）有利于提高农业综合生产能力 二、准确把握农业产业化联合体的基本特征 （一）独立经营，联合发展 （二）龙头带动，合理分工 四、建立分工协作机制，引导多元新型农业经营主体组建农业产业化联合体 （一）增强龙头企业带动能力，发挥其在农业产业化联合体中的引领作用 八、强化保障措施	发展农业产业化联合体，提高农业综合生产能力

（续）

序号	文件名	发布时间	发布单位	涉及安全治理和应急管理章节	相关内容或关键词
17	李克强在2018年中央经济工作会议上的讲话	2017年12月18日			健全城乡融合发展体制机制，扎实推进乡村振兴战略；深化农业供给侧结构性改革、粮食收储制度改革等政策；持续改善农村人居环境
18	马凯在2018年全国安全生产工作会议上的讲话	2018年1月29日		（四）加强安全风险管控和隐患排查治理	抓紧对加强农村农业生产经营建设活动的安全监管进行专题研究，提出指导意见，为乡村振兴创造良好安全环境
19	《关于实施乡村振兴战略的意见》	2018年1月2日	中共中央、国务院	一、新时代实施乡村振兴战略的重大意义 五、繁荣兴盛农村文化，焕发乡风文明新气象 六、加强农村基层基础工作，构建乡村治理新体系 七、提高农村民生保障水平，塑造美丽乡村新风貌 十、汇聚全社会力量，强化乡村振兴人才支撑	提升居民科学文化素养；加强农村基层治理能力与治理现代化；强化农村专业技术人才队伍建设；建设平安乡村，关注农村安全隐患治理

（续）

序号	文件名	发布时间	发布单位	涉及安全治理和应急管理章节	相关内容或关键词
20	《国务院安委会2018年工作要点》	2018年2月24日	国务院安全生产委员会	五、加强农业农村安全监管	建立城乡统一的安全生产管理制度体系，安全监管、安全生产责任制；持续开展“平安渔业”“平安农机”活动，加快建立渔业、农机安全生产长效机制；加强农村建筑施工、道路交通、消防、煤改电（气）工程等安全监管，深入排查治理安全隐患
21	《关于打赢脱贫攻坚战三年行动的指导意见》	2018年6月15日	中共中央、国务院	二、集中力量支持深度贫困地区脱贫攻坚 （一）着力改善深度贫困地区发展条件 （二）着力解决深度贫困地区群众特殊困难 三、强化到村到户到人精准帮扶举措 （七）加快推进农村危房改造 四、加快补齐贫困地区基础设施短板 （一）加快实施交通扶贫行动 （二）大力推进水利扶贫行动 （三）大力实施电力和网络扶贫行动 （四）大力推进贫困地区农村人居环境整治	改善交通、饮水、互联网基础设施，推动生态治理；开展“三区三州”健康扶贫攻坚行动；加强基础设施建设，开展电网升级改造、危房改造，实施交通扶贫、水利扶贫、电力与网络扶贫等重点工程，推进人居环境整治

（续）

序号	文件名	发布时间	发布单位	涉及安全治理和应急管理章节	相关内容或关键词
22	《国家乡村振兴战略规划（2018—2022年）》	2018年9月26日	中共中央、国务院	第七章　统筹城乡发展空间 第八章　优化乡村发展布局 第九章　分类推进乡村发展 第十一章　夯实农业生产能力基础 第十二章　加快农业转型升级 第十九章　推进农业绿色发展 第二十章　持续改善农村人居环境 第二十八章　加强农村基础设施建设 第三十章　增加农村公共服务供给 第三十二章　强化乡村振兴人才支撑	优化乡村生产空间；加强农村基础设施建设；强化自治法治德治，建设平安乡村
23	屈冬玉在中国乡村振兴战略高峰论坛的讲话	2018年11月1日			阐述乡村振兴战略的重要意义，提出八个方面发力点
24	《关于加快推进农业机械化和农机装备产业转型升级的指导意见》	2018年12月21日	国务院	一、总体要求 （二）发展目标 三、着力推进主要农作物生产全程机械化 （七）加快补齐全程机械化生产短板 （八）协同构建高效机械化生产体系 五、积极发展农机社会化服务 六、持续改善农机作业基础条件 七、切实加强农机人才培养 八、强化组织领导	促进农业机械化和农机装备产业转型升级；绿色高效新机具新技术推广，关注智能化、适用性、先进性；发展农机社会化服务组织，推进农机服务机制创新；完善配套设施和基础条件；健全新型农业工程人才培养体系，培养专业人才队伍

（续）

序号	文件名	发布时间	发布单位	涉及安全治理和应急管理章节	相关内容或关键词
25	《关于坚持农业农村优先发展做好“三农”工作的若干意见》	2019年1月3日	中共中央、国务院	六、完善乡村治理机制，保持农村社会和谐稳定 （三）持续推进平安乡村建设	加强乡村交通、消防、公共卫生、食品药品安全、地质灾害等公共安全事件易发领域隐患排查和专项治理
26	《关于乡村振兴战略下加强水产技术推广工作的指导意见》	2019年2月15日	农业农村部	二、稳定推广体系队伍，提升履职活力效能 （五）加强推广队伍建设 （六）创新推广工作机制 三、强化现代模式引领，助力乡村产业振兴 （八）加强现代水产种业服务 四、强化实用人才培养，助力乡村人才振兴 （十二）加强新型职业渔民培育 （十三）加强新主体双创人才培养 六、加强资源养护服务，助力乡村生态振兴 （十七）加强乡村水域生态环境治理服务 （二十）健全疫病防控及防灾减灾服务体系 （二十一）健全水产品质量安全技术服务体系 （二十二）健全渔业公共信息服务体系	推动水产技术推广体系建设；促进渔业绿色转型发展，培育现代休闲渔业文化；关注人才培养，提高渔民文化素养；提升乡村渔业防灾减灾能力；建立信息资源共享机制
27	《2019年农机安全生产工作要点》	2019年3月15日	农业农村部 农业机械化管理司	一、强化农机安全生产责任落实 二、搞好农机安全生产隐患排查整治 三、深化农机安全监理“放管服”措施 四、开展“平安农机”创建活动 五、推进农机安全监理惠农政策落实落地 七、加强农机安全监管能力建设	农机安全生产监督管理

（续）

序号	文件名	发布时间	发布单位	涉及安全治理和应急管理章节	相关内容或关键词
28	《渔业无线电管理专项整治工作方案》	2019年12月23日	农业农村部办公厅	二、工作安排 （三）专项集中整治 三、工作要求	渔船无线电设备、电台识别码信息资源
29	《关于加快畜牧业机械化发展的意见》	2019年12月25日	农业农村部	二、主要任务 （三）推动畜牧机械装备科技创新 （四）推进主要畜种规模化养殖全程机械化 （五）加强绿色高效新装备新技术示范推广 （六）提高重点环节社会化服务水平 （七）推进机械化信息化融合 三、保障措施 （八）加强组织领导	养殖全程机械化，构建“互联网＋”畜牧业机械化生产模式；社会化服务
30	《关于加强农业种质资源保护与利用的意见》	2019年12月30日	国务院办公厅	六、完善政策支持，强化基础保障 七、加强组织领导，落实管理责任	合理安排新建、改扩建农业种质资源库（场、区、圃）用地，科学设置畜禽种质资源疫病防控缓冲区；明确属地管理和相关部门管理职责划分
31	《关于抓好“三农”领域重点工作确保如期实现全面小康的意见》	2020年1月2日	中共中央、国务院	四、加强农村基层治理 （二十二）深入推进平安乡村建设	全面排查整治农村各类安全隐患

（续）

序号	文件名	发布时间	发布单位	涉及安全治理和应急管理章节	相关内容或关键词
32	《2020年农机安全生产工作要点》	2020年3月9日	农业农村部农业机械化管理司	一、深入学习贯彻习近平总书记关于安全生产重要论述精神 二、深化“平安农机”创建活动 三、推进农机监管“放管服”改革 四、强化农机安全生产隐患排查治理 六、加强农机安全监理能力建设	农机安全生产监督管理
33	《社会资本投资农业农村指引》	2020年4月13日	农业农村部办公厅	二、投资的重点产业和领域 （一）现代种养业 （二）现代种业 （三）乡土特色产业 （四）农产品加工流通业 （五）乡村新型服务业 （七）农业科技创新 （八）农业农村人才培养 （九）农业农村基础设施建设 （十）数字乡村建设 （十二）农村人居环境整治 五、营造良好环境 （一）加强组织领导	支持社会资本参与农村人居环境整治提升五年行动；推动农村产业领域标准化、规模化、信息化、创新发展

（续）

序号	文件名	发布时间	发布单位	涉及安全治理和应急管理章节	相关内容或关键词
34	《关于扩大农业农村有效投资 加快补上“三农”领域突出短板的意见》	2020年7月3日	中央农村工作领导小组办公室、农业农村部、国家发展和改革委员会、财政部、中国人民银行、中国银行保险监督管理委员会、中国证券监督管理委员会	二、加快农业农村领域补短板重大工程项目建设	开展高标准农田、农产品仓储保鲜冷链物流设施、现代农业园区、沿海现代渔港等方面建设；进行农村人居环境整治，解决农村供水保障、乡镇污水处理等问题；建设智慧农业和数字乡村，推动农村公路、农村电网等基础设施建设
35	《全国乡村产业发展规划（2020—2025年）》	2020年7月9日	农村农业部	第一章 规划背景 第三节 机遇挑战 第二章 总体要求 第一节 指导思想 第五章 优化乡村休闲旅游业 第四节 提升服务水平	乡村产业快速发展，面临的挑战中“小而散、小而低、小而弱”问题突出；进一步推动乡村休闲旅游业发展，健全标准体系、完善配套设施、规范管理服务
36	《关于全面推进乡村振兴加快农业农村现代化的意见》	2021年1月4日	中共中央、国务院	五、加强党对“三农”工作的全面领导 （二十四）加强党的农村基层组织建设和乡村治理	加强县乡村应急管理和消防安全体系建设，做好对自然灾害、公共卫生、安全隐患等重大事件的风险评估、监测预警、应急处置

（续）

序号	文件名	发布时间	发布单位	涉及安全治理和应急管理章节	相关内容或关键词
37	《中华人民共和国国民经济和社会发展第十四个五年规划纲要和2035年远景目标纲要》	2021年3月12日	第十三届全国人民代表大会第四次会议	第二十三章　提高农业质量效益和竞争力 第一节　增强农业综合生产能力 第二节　深化农业结构调整 第二十四章　实施乡村建设行动 第一节　强化乡村建设的规划引领 第二节　提升乡村基础设施和公共服务水平 第三节　改善农村人居环境	优先发展农业农村，全面推进乡村振兴；强化农业科技和装备支撑，建设智慧农业，推进一二三产业融合发展；实施乡村建设行动，提高农民科技文化素质、改善农房、完善基础设施
38	《关于推动脱贫地区特色产业可持续发展的指导意见》	2021年4月7日	农业农村部、国家发展和改革委员会、财政部、商务部、文化和旅游部、中国人民银行、中国银行保险监督管理委员会、国家林业和草原局、国家乡村振兴局、中华全国供销合作总社	二、实施特色种养业提升行动 （五）建设标准化生产基地 （七）加强农产品流通设施建设 四、强化产业发展服务支撑 （十八）健全风险防范机制 五、强化组织保障 （十九）压实工作责任	健全标准体系，按标生产；建设特色农产品优势区、农业绿色发展先行区；发展农产品网络品牌，动态监测评估风险

（续）

序号	文件名	发布时间	发布单位	涉及安全治理和应急管理章节	相关内容或关键词
39	《关于全面推进农业农村法治建设的意见》	2021年4月20日	农业农村部	二、主要任务 （四）强化乡村振兴法治保障 （五）完善农业农村优先发展制度支撑 （六）着力提高依法行政水平 （七）深入推进乡村依法治理 三、完善农业农村法律规范体系 （八）强化重点领域立法 四、提高农业执法监管能力 （十一）实施农业综合行政执法能力提升行动 （十二）加大重点领域执法力度 （十三）加强农业行政执法监督 五、提升农业农村普法实效 （十四）深入实施普法规划 （十五）开展重点专项普法活动 （十六）推动法律法规进村入户 七、强化农业农村部门依法治理能力 （二十二）提升涉农突发事件依法处置能力	充分发挥法治对农业农村高质量发展的引领和推动作用，全面履行法定职责；研究推动家庭农场等农业经营主体立法；建设执法队伍，提升执法数字化、信息化水平，加大农机安全生产等重点领域的执法力度，“谁执法谁普法”，深入开展农业农村法治宣传教育；提高依法处置疫情、灾情、渔船和农机安全生产事故等涉农突发事件能力

（续）

序号	文件名	发布时间	发布单位	涉及安全治理和应急管理章节	相关内容或关键词
40	《关于加强涉渔船舶审批修造检验监管工作的意见》	2021年10月8日	农业农村部、工业和信息化部、公安部、交通运输部、海关总署、国家市场监督管理总局、中国海警局	（二）基本原则 三、落实监管责任 （六）加强渔船管理 （八）加强修造管理 （九）开展联合执法 四、强化工作保障 （十一）加强组织领导	聚焦痛点、难点、焦点问题，通过建机制、重监管、强保障，强化部门协同和上下联动，齐抓共管、综合施策、源头治理，全面提升涉渔船舶综合管理水平
41	《“十四五”推进农业农村现代化规划》	2021年11月12日	国务院	第二章　夯实农业生产基础 第四节　优化农业生产布局 第六节　提升农业抗风险能力 第三章　推进创新驱动发展　提升农业质量效益和竞争力 第三节　提高农机装备研发应用能力 第四节　健全现代农业经营体系 第五章　实施乡村建设行动　建设宜居宜业乡村 第二节　加强乡村基础设施建设 第三节　整治提升农村人居环境 第四节　加快数字乡村建设 第五节　提升农村基本公共服务水平 第七章　加强和改进乡村治理　建设文明和谐乡村 第一节　完善乡村治理体系	创新乡村治理，统筹发展和安全；提升农业防灾减灾能力，促进农业生产安全；完善农村基本公共服务，加强乡村基础设施建设、数字化信息化建设；加强县乡村应急管理、交通消防安全体系建设，加强农村自然灾害、公共卫生、安全隐患等重大事件事故的风险评估、监测预警和应急处置

（续）

序号	文件名	发布时间	发布单位	涉及安全治理和应急管理章节	相关内容或关键词
42	《农村人居环境整治提升五年行动方案（2021—2025年）》	2021年12月5日	中共中央办公厅、国务院办公厅	一、总体要求 （三）行动目标 二、扎实推进农村厕所革命 三、加快推进农村生活污水治理 四、全面提升农村生活垃圾治理水平 五、推动村容村貌整体提升 六、建立健全长效管护机制 八、加大政策支持力度 （二十一）推进制度规章与标准体系建设 （二十二）加强科技和人才支撑	提高农村卫生厕所普及率、生活污水治理率，农村生活垃圾无害化处理水平明显提升；农村人居环境治理水平显著提升，长效管护机制基本建立
43	《关于做好2022年全面推进乡村振兴重点工作的意见》	2022年1月4日	中共中央、国务院	二、强化现代农业基础支撑 五、扎实稳妥推进乡村建设 六、突出实效改进乡村治理	强化农业安全治理和应急管理，推进农村基础设施建设，开展风险隐患排查和专项治理

参 考 文 献

曹华政，2004. 农业保险制度的国际比较及其借鉴［J］. 农业发展与金融（5）：28－30.

陈丕茂，2014. 广东发展海洋休闲渔业的问题与对策［J］. 新经济（25）：25－31.

戴梅珍，吴伯元，2008. 农村建筑市场安全现状及对策分析［J］. 江苏安全生产（7）：26－26.

邓海忠，吴学林，2005. 江西病险水库地质勘察与病害成因分析［J］. 中国农村水利水电（2）：83－85.

邓拓，1998. 中国救荒史［M］. 北京：商务印书馆.

樊紫薇，蒋日进，张琳琳，等，2020. 浙江乐清市休闲渔业发展现状、存在的问题及对策研究［J］. 农村经济与科技，31（3）：67－68.

傅贵，邓宁静，张树良，等，2010. 美、英、澳职业安全健康业绩指标及对我国借鉴的研究［J］. 中国安全科学学报，20（7）：103－109.

高振亚，2012. 农业职业安全与健康分析研究［J］. 中国个体防护装备（1）：42－47.

谷洪波，冯智灵，2009. 论自然灾害对我国农业的影响及其治理［J］. 湖南科技大学学报（社会科学版），12（2）：5.

顾康静，2004. 从美国标准看我国农业生产中的安全管理［J］. 安全（6）：32－34.

桂玉清，2019. 日本农业经营体系建设的经验与启示［J］. 江苏农村经济（2）：50－51.

国际劳工局，2013. 农业安全生产与卫生［M］. 北京：中国劳动社会保障出版社.

国际劳工组织，2001a. 2001年农业中的安全与卫生建议书（第192号建议书）［EB/OL］.（2001－06－21）. https://www.ilo.org/dyn/normlex/en/f? p=NORMLEXPUB:12100:0::NO:12100:P12100_INSTRUMENT_ID:312530:NO.

国际劳工组织，2001b. 2001年农业中的安全与卫生公约（第184号公约）［EB/OL］.（2001－06－21）. https://www.ilo.org/dyn/normlex/en/f? p=NORMLEXPUB:12100:0::NO:12100:P12100_INSTRUMENT_ID:312329:NO.

贺雪峰，2012. 论中国农村的区域差异：村庄社会结构的视角［J］. 开放时代，（10）：108－129.

黄素萍，2010. 农村公路交通安全问题探析［J］. 农业考古（6）：230－232.

李启平，2010. 低碳农业对农产品安全的影响研究［J］. 中国安全科学学报，20（3）：145－150.

林明太，卞晨洁，2010. 福建休闲渔业旅游安全认知及对策研究：以宁德三都澳休闲渔业景区为例［J］. 沈阳农业大学学报（社会科学版），12（3）：342－345.

林未枯，黄昌成，车勇，2005. 透视农村交通安全宣传教育现状［J］. 农业机械（9）：94－94.

林毅夫，2014. 制度、技术与中国农业发展［M］. 上海：格致出版社.

刘宏波，2015. 澳大利亚职业安全健康统计体系及对我国借鉴研究［J］. 中国安全生产科学技术，11（5）：164－169.

刘米达，2010. 农村消防安全管理现状与对策［J］. 辽宁工程技术大学学报（自然科学版），

29 (A1): 60 - 62.

陆益龙，2013. 制度、市场与中国农村发展 [M]. 北京：中国人民大学出版社.

马忠英，杨琦，周伟，2010. 中国农村公路交通安全分析与对策 [J]. 长安大学学报（自然科学版），30 (6): 81 - 85.

邱生荣，邓昀，庄美娟，2013. 基于内容分析法的休闲农场旅游安全分析 [J]. 云南农业大学学报（社会科学版），7 (2): 28 - 32.

日本厚生劳动省，2017. 2016 年卫生、劳动和福利白皮书 [EB/OL]. (2017 - 12 - 31). https://www.mhlw.go.jp/wp/hakusyo/kousei/16/.

日本厚生劳动省，2020. 劳动基准监督年报 2019 [EB/OL]. (2020 - 12 - 31). https://www.mhlw.go.jp/bunya/roudoukijun/anzeneisei11/rousai - hassei/index.html.

尚勇，张勇，2021. 中华人民共和国安全生产法释义 [M]. 北京：中国法制出版社.

苏霄飞，2017. 美国、加拿大、日本农业科技中介服务体系发展的经验与启示 [J]. 商业经济研究 (3): 197 - 198.

陶卫民，2001. 国外农机技术发展趋势 [J]. 湖南农机 (4): 21 - 22.

田逢时，2011. 农村消防安全评价指标体系探讨 [J]. 消防科学与技术，30 (5): 455 - 458.

魏爱苗，2009. 德国农业保险成熟品种多服务好 [J]. 农村财政与财务 (1): 47 - 48.

吴宗之，郭再富，2014. 我国城镇化对安全生产管理的挑战及对策研究 [J]. 中国安全生产科学技术，10 (10): 68 - 74.

辛阳，邓楠，2017. 关于休闲旅游农业发展中的安全问题初探 [J]. 河北农业科学，21 (1): 95 - 98.

杨乃莲，牛伟伟，2010.《农业安全与健康实用规程草案》通过 [J]. 现代职业安全 (12): 90.

杨乙丹，2016. 转型期中国农村社会安全风险的演变与治理 [M]. 北京：社会科学文献出版社.

臧少慧，张明占，刘仲秋，等，2019. 我国水库除险加固研究进展 [J]. 山东农业大学学报（自然科学版），50 (6): 1097 - 1103.

詹姆斯 · W. 布罗克，2011. 美国产业结构 [M]. 12 版. 北京：中国人民大学出版社.

张齐林，2021. 农村建筑工程施工阶段造价管理现状及对策 [J]. 新农业 (5): 85 - 86.

赵超，2021. 国外休闲渔业管理综述 [J]. 黑龙江水产，40 (5): 36 - 38.

Australian Centre for Agricultural Health and Safety, 2014. Farm safety action plan [EB/OL]. (2014 - 12 - 31). https://aghealth.sydney.edu.au/resources/resources - for - farmers/.

Bureau of Labor Statistics, 2016. Employer - reported workplace injuries and illnesses - 2015 [EB/OL]. (2016 - 10 - 27). https://www.afscmeinfocenter.org/blog/2016/10/employer - reported - workplace - injuries - and - illnesses - 2015.htm#.Yo3h0O5BxD8.

EFFLAND A B W, 2000. U.S. farm policy: The first 200 years [J]. Agricultural outlook (3): 21 - 25.

Her Majesty's Stationery Office，2017. Farmwise：Your essential guide to health and safety in agriculture [EB/OL]. (2017 - 11 - 30). https：//www. hse. gov. uk/pubns/books/hsg270. htm.

Safe Work Australia，2018. Work - related traumatic injury fatalities Australia 2017 [EB/OL]. (2018 - 12 - 21). https：//www. safeworkaustralia. gov. au/resources - and - publications/statistical - reports/work - related - traumatic - injury - fatalities - australia - 2017.

图书在版编目（CIP）数据

中国农村农业安全治理现状与对策 / 曾明荣，李一奇著. —北京：中国农业出版社，2022.7
ISBN 978-7-109-29770-8

Ⅰ.①中…　Ⅱ.①曾… ②李…　Ⅲ.①农业生产—安全管理—研究—中国　Ⅳ.①X954

中国版本图书馆 CIP 数据核字（2022）第 137096 号

中国农村农业安全治理现状与对策
ZHONGGUO NONGCUN NONGYE ANQUAN ZHILI XIANZHUANG YU DUICE

中国农业出版社出版
地址：北京市朝阳区麦子店街 18 号楼
邮编：100125
责任编辑：神翠翠　　加工编辑：戈晓伟
版式设计：杜　然　　责任校对：刘丽香
印刷：北京中兴印刷有限公司
版次：2022 年 7 月第 1 版
印次：2022 年 7 月北京第 1 次印刷
发行：新华书店北京发行所
开本：700mm×1000mm　1/16
印张：11.25
字数：211 千字
定价：58.00 元
